山西省哲学社会科学规划课题（2021YY221）

山西省教育科学"十四五"规划课题（GH-220916）

文旅融合视野下的
地质公园开发与管理研究

王 鑫 著

西安交通大学出版社
XI'AN JIAOTONG UNIVERSITY PRESS

国家一级出版社
全国百佳图书出版单位

图书在版编目(CIP)数据

文旅融合视野下的地质公园开发与管理研究 / 王鑫著
. — 西安：西安交通大学出版社，2022.3
ISBN 978 - 7 - 5693 - 2491 - 4

Ⅰ.①文…　Ⅱ.①王…　Ⅲ.①地质-国家公园-
研究-中国　Ⅳ.①S759.93

中国版本图书馆 CIP 数据核字(2021)第 275494 号

书　　名	文旅融合视野下的地质公园开发与管理研究
	WENLÜ RONGHE SHIYE XIA DE DIZHI GONGYUAN KAIFA YU GUANLI YANJIU
著　　者	王　鑫
责任编辑	王建洪
责任校对	赵怀瀛
封面设计	任加盟
出版发行	西安交通大学出版社
	(西安市兴庆南路 1 号　邮政编码 710048)
网　　址	http://www.xjtupress.com
电　　话	(029)82668357　82667874(市场营销中心)
	(029)82668315(总编办)
传　　真	(029)82668280
印　　刷	西安五星印刷有限公司
开　　本	700mm×1000mm　1/16　印张　10.625　字数　209 千字
版次印次	2022 年 3 月第 1 版　　2023 年 2 月第 1 次印刷
书　　号	ISBN 978 - 7 - 5693 - 2491 - 4
定　　价	78.00 元

发现印装质量问题，请与本社市场营销中心联系。
订购热线:(029)82665248　(029)82667874
投稿热线:(029)82665379　QQ:793619240
读者信箱:xj_rwjg@126.com

前　言

　　地质遗迹是在地球形成、演化的漫长地质历史时期，受各种内、外动力地质作用，形成、发展并遗留下来的自然产物。它不仅是珍贵的、不可再生的地质自然遗产，更是自然旅游资源的重要组成部分，有独特的观赏和游览价值。地质公园是以具有特殊地质科学意义，稀有的自然属性，较高的美学观赏价值，具有一定规模和分布范围的地质遗迹景观为主体，并融合其他自然景观与人文景观而构成的一种独特的自然区域，既是为人们提供具有较高科学品位的观光旅游、度假休闲、保健疗养、文化娱乐的场所，又是地质遗迹景观和生态环境的重点保护区、地质科学研究与普及的基地。从环境心理学角度来看，地质公园旅游资源的形象美、声音美、色彩美对旅游者具有重要作用，可以使旅游者释放压力和缓解负面情绪。

　　全书共包含 7 章内容，分别对文化旅游业、地质公园概念及分类、地质公园旅游开发与管理理论、地质公园旅游资源、地质公园旅游开发模式、地质公园旅游安全管理等进行了阐述，并且结合国家地质公园旅游开发案例进行了分析。

　　本书从文化产业视角出发，结合研究热点，借鉴国内、国外地质公园的管理经验，运用旅游开发与规划的相关理论知识，揭示了地质公园的美学特征、开发模式和管理实践，对于地质公园的旅游开发具有一定的参考价值，同时对广大地学旅游爱好者和旅游从业者具有一定的启示。

　　限于作者水平，本书还存在一些不足之处，望各位专家和读者批评指正。

王鑫

2022 年 1 月

目　录

第一章

文化旅游业

第一章

文化旅游业

第一节　文化旅游资源与产业构成

2019年国务院机构改革将原国家旅游局和文化部合并成为文化和旅游部。国家公园作为新兴的核心旅游资源品牌,将在区域性旅游目的地的塑造中发挥主导作用。以大尺度整体性保护为核心的国家公园管理体制对旅游资源利用方式、旅游者游览方式都将带来显著的影响。国家公园管理制度的实施会对各地方的旅游产业增长方式和旅游管理体制产生方方面面的影响。

一、文化旅游资源

世界旅游组织1995年给"旅游"下的定义是:旅游是指"人们为了特定的目的而离开他们通常的环境,前往某些地方并作短暂停留(不超过一年)的活动,其主要目的不是从访问地获得经济收益"。所谓旅游产业,我们可以将其定义为:旅游产业是一个以旅游资源为核心,以旅行社业、旅游食宿和旅游交通等为外围产业而向外不断辐射的综合性产业。由于旅游产业的核心要素——旅游资源带有非常鲜明而独特的文化色彩,因此,旅游业又被称为"文化旅游业"。文化是旅游业的灵魂。文化既是旅游业的特质资源基础,同时也是旅游业的精神动力和支撑。谁拥有了丰富的文化资源,谁就掌握了旅游业发展的主动权。同时,旅游产业能够为社会带来丰富的就业机会和提高生产总值,人们又将文化旅游产业看作是21世纪的朝阳产业。在今天,文化旅游产业已经成为以自然历史文物景点观光服务为核心,以享受人类文明成果、获得精神愉悦和获取自然历史知识为动机,带动饮食、旅馆、交通、商业、娱乐等配套发展的大型文化产业群。

国家质量技术监督局1999年颁布的国家标准《旅游区(点)质量等级的划分与评定》,对旅游资源的概念做了如下描述:自然界和人类社会中能对旅游者产生吸引力,可以为旅游业开发利用,并可产生经济效益、社会效益和环境效益的各种事物和因素。

根据旅游资源的属性,文化旅游产业主要有三类资源:

一是自然旅游资源。自然旅游资源亦称"自然景观",是指能够使人们产生美感,并能构成景观的自然环境或物象的地域组合,所突出的是物质的物理属性及其对人的心理产生的新奇别致的美感,注重的是官能感受、切身体验和心境。我国的自然风景名胜资源十分丰富,古代有"五岳"之胜景,现代又开发出更多的自然景点景观,被列入世界自然遗产的就有武陵源风景名胜区、九寨沟风景名胜区和黄龙风景名胜区;被列入世界自然和文化遗产的有泰山风景名胜区、黄山风景名胜区、峨眉山-乐山风景名胜区、武夷山风景名胜区等。2003年2月,联合教科文组织决定在全球范围内建立世界地质公园网络,中国政府申报的安徽黄山地质公园、江西庐山地质公园、河南云台山地质公园、云南石林地质公园、广东丹霞地质公园、湖南张家界地质公园、黑龙江五大连池地质公园和河南嵩山地质公园等8处,被联合国教科文组织专家评选为首批世界地质公园。

二是人文旅游资源。人文旅游资源亦称"人文景观",是指古今人类创造和积累起来的富有人文特色、精神价值和广泛影响力的文明成果,是物质形态和精神内涵凝聚而成的景观资源,所体现的是历史文化的内涵和神韵。人文旅游资源突出的是一种历史特性,它是用静态的景观形态来体现动态的历史内容,具有深刻的历史文化性和思想蕴含性。我国历史悠久,文化源远流长,人文旅游资源十分丰富,已经跻身于世界遗产大国。截至2020年7月,我国的世界自然和文化遗产共有55处,其中世界文化遗产37处,自然遗产14处,自然与文化双遗产4处,如长城、北京颐和园、北京故宫、敦煌莫高窟、秦始皇陵及兵马俑、周口店北京猿人遗址、孔府孔庙孔林、西藏布达拉宫等,都享誉国内外。

三是社会旅游资源。这主要是指民情风俗、人际关系、传统节庆、民间生活方式、特有的民族服饰与文化艺术形式等,还包括现代建筑成就、新生事物等。社会旅游资源是以人为载体的一种社会现实,注重的是现实的人的一种心理触动。例如,知青返回当年插队的北大荒或遥远的山寨等,走进这些地方,总能感受到历史的沧桑和文明的积淀。再如,各旅游区举行的历史文化表演,由于表演者从历史的角度刻画人物,通过一个个具体的情节,再现一定时期的民族历史和文化,有着深深的历史符号、政治烙印以及经济发展的特征,使游客在了解历史的同时,了解政治、经济、文化并受到启迪。体育竞技表演则通常以竞技性强、民族特色浓郁的表演为主。有的地方还有生动有趣的动物表演,这类表演的主体是经过专门训练的动物,节目以滑稽幽默、新鲜奇特见长,以逗乐为目的,同时也可让人类加深对动物习性等方面知识的了解和认识。如我国香港海洋公园的海狮、鲸鱼和海豹表演,开演至今,长演不衰。

二、文化旅游产业构成

文化旅游作为一种产业来开发,应该包括行、游、娱、购、吃、住等核心产业环节,因而,旅游业的产业构成应该包括旅游景点的开发与经营业、旅游娱乐业、旅行社业、旅游宾馆与餐饮业、旅游交通业和旅游商贸业、节庆会展业等。其中,旅游宾馆与餐饮业、旅游交通业和旅游商贸业可以被看作是旅游辅助服务业。

1. 旅游景点开发与经营业

旅游景点是最重要的旅游资源,也是旅游产业的核心和灵魂。截至2020年12月30日,我国5A级旅游景点总数达到302个。旅游景点的类型主要有自然景点、历史文化景点、主题景点三大类。无论是哪种旅游景点,都不能脱离特定的旅游地理环境而存在,因此,旅游城市也是我国旅游产业中的重要环节。我国目前共有经国务院批准的历史文化名城 110 座,有经文化和旅游部批准的全国优秀旅游城市数百座。例如,西安、北京、香港、澳门等市,旅游业都是其重要的支柱产业之一。

在旅游景点经营方面,最具产业潜力的当数世界自然和文化遗产的旅游开发和保护性经营。对于我国世界自然和文化遗产的经营和管理,绝大部分都是国有独资、国有控股或者政府授权的相关企事业单位,它们在这些年的"旅游热"中扮演着核心的角色。

随着旅游业的发展和旅游消费需求的不断扩大,我国城乡主题景点已经成为旅游目的地的重要部分。主题景点具有主题性、大众性、参与性、娱乐性和享受性特点,能够吸引大量的旅游消费者。目前我国的主题景点主要有三类:一类是室外博物馆,如北京的世界公园和珠海的圆明新园等;第二类是微缩景观,如深圳的"锦绣中华"、长沙的"世界之窗"、郑州的"黄河大观"等;第三类是主题公园和影视城,如香港的迪士尼乐园、梦外滩影视主题公园、沈阳的"玻璃巨人"主题公园,还有北京的大观园、无锡的三国影视城等。据不完全统计,全国修建的主题景点已经多达上千处,如果加上其他一些小型的人造文化景观,全国的主题景点多达两千余处。值得注意的是,这些主题公园中的很大一部分都是由民营企业投资开发和经营的。

2. 旅行社业

旅游经纪是连接旅游景点和旅游消费者的纽带,它的发展状况好坏直接影响整个旅游产业的兴衰。在我国,旅游经纪主要是由旅行社来完成的。旅行社是指有营利目的、从事旅游业务的企业,其职责是为旅游者代办出入境和签证手续,招徕、接待旅游者旅游,为旅游者安排食宿等有偿服务。旅行社作为旅游产业内各个要素的中介者和旅游客源的组织者,是推动现代旅游业深入发展的重要因素。中国的旅行社分为两种类型:国际旅行社和国内旅行社。

3. 旅游宾馆与餐饮业

旅游宾馆与餐饮业是旅游产业链中的主要环节。由于旅游宾馆与餐饮业的核心资源要素的专用性比较明显,因此,该类企业提供的产品和服务主要都是围绕饮食、住宿和娱乐而展开的。在提供传统的住宿和饮食服务的同时,很多旅游宾馆与餐饮企业开始向消费者提供差异化的产品和服务。众多的旅游宾馆、饭店、餐饮公司朝着综合型和个性化的方向发展,陆续推出了一系列的绿色酒店、主题酒店、分时度假酒店、产权酒店、青年旅舍以及其他主题酒店等。正是这些独特而具有一定差异性的产品和服务的存在,才使得很多旅游宾馆与餐饮类企业实现了比较理想的经营业绩。

4. 节庆会展业

节庆是当今旅游业的重要组成部分。除传统节日如春节、元宵、端午、中秋等，以及少数民族的那达慕（蒙古族）、火把节（彝族）、达努节（瑶族）、歌圩节（壮族）、三月街（白族）、泼水节（傣族）、桃花会（布依族）等节庆活动外，现代社会新出现的节庆活动越来越多，其目的主要在于"文化搭台，经济唱戏"，或"节庆是名，旅游是实"，如购物节、啤酒节、龙舟节、丝绸节、陶瓷节、中药节、柑橘节、桃花节、美食节、葡萄节、山楂节、西瓜节，以及少数民族服饰节、孔子文化节、茶文化节、酒文化节……它们对于拉动旅游产业增长、发展地方经济起到了积极的作用。

第二节　文化旅游业的经营与管理

我国历史悠久，国土辽阔，自然风景秀丽，文化遗产丰富，文物景点星罗棋布，旅游资源得天独厚。但文化旅游业要想做强做大，就必须搞好经营与管理，积极开发文化旅游资源，引导社会力量以各种方式积极参与，加强文化旅游产业的资本运营，提升文化旅游产业的优质品牌，推介文化旅游业的特色窗口，致力文化旅游业的整合开发，打造文化旅游业的精品工程，从而形成特色突出、层次分明的各级各类文化旅游产品与服务。

一、加强文化旅游产业的资本运营

加强文化旅游产业的资本运营的前提条件是：必须建立健全文物和自然景观方面的政策法规体系，使旅游资源的开发利用在有效保护文化遗产和自然资源环境的合理范围内进行，依法规范文化旅游市场秩序，采取有力措施打击文化旅游经营中的不法行为。

资本运营是一切产业发展的必由之路。作为经营管理的核心命题，文化旅游产业的资本运营之主要目的是激活资本要素，提高文化旅游产业资本的市场价值，形成持续发展的长远动力。具体地说，可以从下面三个方面着手。

首先是激活物质资本。利用资产收效，实行滚动发展，实现文化旅游产品规模、共荣和互补效应；利用上市融资，扩充发展实力，为发展文化旅游构筑一个资本平台；利用资源扩张，在北京、上海和沿海各发达城市，乃至寻求境外投资合作，实现企业规模发展，并与房地产业联动，巩固和强化核心竞争力。

其次是激活无形资本。培植优秀品牌，驱动有形资本，将历史遗产和风物民俗为主题的宝贵无形资产打成软件包，作为对外发展的务实操作手册，凭借无形资本的巨大影响力，发掘、培植和拓展新的文化旅游项目。

最后是激活人力资本。按人力资源优先投资原则，建立健全"工作＋学习型"

组织,为员工创造、提供学习训练机会,使整体人力资本迅速增值,在此基础上,通过人力资源的深度开发,打造"业界一流的精英队伍"理念。除了靠信念、事业、环境、感情留人外,还要通过实施科技人员、管理人员的股权和期权分配制度,靠股份留人,靠制度约束人,通过良好的发展远景激励人,并使之形成合力,推动文化旅游业健康向前发展。

二、提升文化旅游产业的优质品牌

文化旅游业是一项辐射力很强的文化产业。国际经济发展的大势、我国国民经济产业结构战略调整的大环境,以及人民生活质量的普遍提高等宏观环境,都有利于支持旅游业的发展,旅游业成为我国新的经济增长点具有历史的必然性。文化旅游业是一个经济产业和文化事业水乳交融、有机互补的朝阳产业。文化行业蕴涵着产业化发展的巨大空间,旅游业具有很强的文化和社会公益性质。同时,文化旅游业的口碑效应也十分重要,一个人在一个景区旅游得好,就会产生连锁反应,带动其他一大群人。因此,作为这个产业的主体,除了打造良好的外部环境外,还要注重人文关怀,服务的细节要到位,当地政府也要从长远利益出发,树立优质的文化旅游品牌。

品牌树立与否意味着文化旅游业在激烈的市场竞争中能否抢占一个制高点,能否获得相当高的知名度和美誉度,能否对顾客产生巨大的吸引力,这是文化旅游产业能否发展的关键所在。例如,深圳华侨文化城就十分注意创建和营运品牌,专门把游客游览消费的文化享受需求与景区文化主题有机结合起来;四川九寨沟管理局提出"土著文化的保护与开发、产品文化的营造与创新、品牌文化的塑造与传播"模式,着力从解析童话世界入手,以跨文化对话带动体验消费,研发土著文化,传承活态符号与原生体验,以文化内涵塑造旅游灵魂,以文化品牌创建旅游品牌,以文化生产力提升旅游竞争力,以文化产业发展推动旅游产业整体升级;云南省突出民族文化和古滇文化特色,充分体现昆明多元化的地域特点,提高旅游产品文化内涵和品位,展示昆明四季如春、民族众多的生态文化、景观文化和历史事件文化,同时改善旅游基础设施,增加旅游项目等,使云南成为我国的旅游大省。目前,各旅游地都在努力探求时尚文化与旅游文化的互动机制,力求设施的高标准、产品的高品位、服务的高水平,倾力创造特色,以形成国内外知名的文化旅游业品牌。事实证明,优秀品牌,犹如市场通行证,将使文化旅游产业取得良好的经济效益和社会效益。

三、推介文化旅游业的特色窗口

近年来各地兴起的红色旅游是中国政治与文化联姻、开发民间话语与国家话语而形成的新的文化资源的特色旅游。在此背景下,一大批具有"特色"的文化景区应运而生,如区位特色、政治特色、名人故里特色、文化特色、人文特色、历史特色、食物特色、民族特色、风俗特色等。

因此,做好文化旅游业发展的区域特色布局规划,指导各地区因地制宜地发展特色旅游项目,在全国范围形成以国际化大都市、重点历史文化名城、自然风景名胜区为主干的一体化文化旅游网络和市场运营机制,是摆在国家文化旅游职能部门面前的头等大事。近年来,各地都在围绕"特色"二字大做文章,利用招商引资的机会,大力推介自己独具个性的文化旅游特色窗口,把招商引资与旅游推介有机地结合起来,发挥互动互助效应。一方面,招商引资可以利用当地旅游特色吸引来客;另一方面,来客(无论是观光客还是投资方)的介入又反过来促进和推动文化旅游业的发展和壮大。由人力资本、财力资本和智力资本形成的文化旅游业的核心竞争力,使文化旅游业锦上添花,如虎添翼。

例如,广州市抓住创建"中国最佳旅游城市"和建设"亚太地区重要国际旅游城市"两大目标理念,大力整合文化资源,发展特色文化旅游业。他们依托浓厚的文化底蕴、文物古迹、城市景观、饮食与娱乐文化、特色市场、水乡风情等旅游资源,突出"休闲生态文化居住区"的特色,深挖生态文化内涵,推出了"精品一日游""买花赏花一日游"线路,聘请专家学者对旅游资源进行调研、整合包装,逐步完成了对广州花卉博览园、南方茶叶市场、白鹅潭风情酒吧街、越秀花鸟鱼虫大世界和黄大仙祠等5大旅游资源(景点)的策划包装,打造出具有浓郁地方特色的茶、花、水、酒吧、观赏鱼、美食等一批旅游精品,进一步了拓展文化旅游的市场空间。

又如,扬州市在对文物保护单位实施有效保护的同时,合理开发利用文物资源,进一步修缮了扬州八怪纪念馆、扬州博物馆、史可法纪念馆、唐城遗址博物馆、陵王墓博物馆,复建了广陵王王后墓,并对陈列进行了多次调整、充实,同时市旅游局组成团队多次赴外地参加旅游展示会,扩大宣传,使旅游人数不断攀升,带动了扬州市旅游业的进一步发展。

第三节　文化旅游业的问题与发展对策

文化旅游业是国内近年来成长迅速的新兴产业,其产业增加值占GDP的比重约为4%,且国内旅游已成为重中之重。同时,文化旅游业的发展要在深入研究的基础上,由政府主导制定文化旅游发展的中长期概念性规划,以确保文化旅游业的可持续发展。有专家指出,中国当前民族历史文化遗产的保护与日益兴旺的文化旅游业在发展上遇到了一些问题。在许多情况下,传统风俗习惯可能正在逐步失传,而旅游业的开发却需要保存这些文化并展示给游客,从而使其复兴,并赋予其时代的精神与新的含义。此外,旅游业还应该在思想认识和资金保障上促进历史文化的保护,保护好遗产的真实性和完整性是旅游业可持续发展的前提条件。

一、文化旅游业遇到的问题

目前,文化旅游业总体发展趋势是:深入挖掘资源,创造独特主题。独特主题在地质公园中往往表现出多元化特征,主要是侧重于民族文化和地域文化的结合,以更加突出优势,并注重满足旅游者对旅游设施国际化等同质文化和旅游吸引物这种异质文化的同步追求,这些文化的融合就形成了一个旅游目的地的独特文化。例如,黄山世界地质公园,被誉为"震旦国中第一奇山",在中国历史上的鼎盛时期,通过文学和艺术的形式(如16世纪中叶的"山""水"风格)受到广泛赞誉。泰山被古人视为"直通帝座"的天堂,是古代中国文明和信仰的象征,是中国艺术家和学者的精神源泉。

有专家认为,资源的多样化和文化多元化决定了实现旅游开发手段的多样化。而且在实践中,实现手段本身也成为一种吸引物,这可以从以下三个方面来认识:一是科技手段。普遍运用机械、建筑、声、光、电、计算机等现代高科技手段,特别是数字化手段已成为现今最新的实现手段。二是文化手段。通过丰富的文化手段来表现深厚的文化内涵。文化手段的运用是从硬件到软件的全方位应用,处处体现文化手段的多样化,由此形成总体的文化氛围和各个方面的文化细节。三是商业手段。商业手段作为主要经济手段,在各国旅游娱乐业中广泛应用,在各国的主题公园中更是花样繁多。如多种组合的门票价格,就是商业手段的普通运作方式。在经营过程中,从广告到具体销售的各种商业手段的运用,都体现了现代成熟的商业技巧和按照市场导向发展的吸引力。

但是,无论原真性开发、文化产业园、实景剧、数字化仿真等开发模式,从创意到实现手段和商业运作手段,一直到设计、表演、经营各阶段,都应该注重以市场为导向,以服务大众为目的,力求雅俗共赏、老少皆宜。同时,还应在不断创新中适应发展和变化中的大众化市场的需求,进而刺激和强化这些要求。应当看到,与丰富的历史文化资源所孕育的巨大潜力和商机相比,我国文化旅游业的发展还有很大的差距,突出存在以下问题:

一是旅游资源开发中存在重开发、轻保护的倾向和急功近利的短视行为。由于缺乏科学规划和资源保护、环境保护意识,一些以文物资源和自然资源为依托的旅游景区开发,存在人工化、商业化、城市化倾向,破坏了文物古迹和自然风景的真实性和完整性。

二是对文物资源的保护不到位。文物保护工作资金匮乏,手段原始,条件简陋,基础设施差,导致一些文物损失严重,盗窃、盗卖文物的案件发案率高,自然损耗程度和速度都十分惊人。在处理文物保护和合理开发利用的关系上,一些地方把开发利用和有效保护对立起来,存在文物开放程度低、保护不到位的问题。

三是文化旅游业发展的体制改革和创新步履艰难,对文化旅游业的市场运作规律缺乏研究,行政机构设置过细,门户偏见严重,不少地方把行业管理和业务指导视为部门垄断。

四是理念方面的差距。很多地方的党委、政府及产业部门、民间团体在组织各种经贸、商务、文化、体育等大型公众活动时,着眼于社会、经济环境的综合效益,对于旅游业同这些经济、文化活动的天然联系的意识性越来越强,并注意紧紧抓住旅游业这个龙头,千方百计地把旅游概念融入这些大型活动中。因此,这些地方在发展战略、政策环境、社会舆论、资金投入等各方面,都形成了加快发展文化旅游业的浓厚氛围和强大合力。然而,还有一些地方或少数行业主管部门囿于狭隘的观念和局部的利益,在这方面存在着不足。

二、文化旅游业的发展对策

第一,文化风景名胜资源的开发要毫不动摇地贯彻"保护第一,抢救第一"和"有效保护、有效利用、加强管理"的战略方针,开发建设必须依法、有序、科学和节制,最大限度地保护文物古迹、历史遗存和自然风景的真实性和完整性。

第二,解放思想,更新观念,正确处理文化资源(包括风景名胜资源)有效保护和合理开发利用的关系,把文物部门孤军作战的"独家保护"变成政府众多部门和社会各界的"共同保护",发挥文化资源的社会教化功能,启迪社会民众资源保护和环境保护的意识。

第三,加快体制改革,推进机制创新,按照"全体国民旅游职业化,整个国土旅游资源化,旅游设备国际标准化"的思路,建立健全一套行之有效的监管体系,同时运用市场手段,改革经营管理体制,拓宽筹资渠道,加大对资源保护的资金投入。

第四,加强协调,互通信息,形成合力。旅游业工作者要学习、掌握历史文化资源和自然地理资源保护的法律法规、科学知识,资源管理部门特别是文物部门的工作者也应该学习旅游经济和旅游行业管理的法律法规,认真研究市场经济条件下文化旅游业的改革和发展问题,发挥各自优势,协调联动,认真谋划,密切协作,从而使文化旅游业真正成为国民经济的支柱产业。

》第二章

地质公园概述

第二章

城市园林绿地

第一节　地质公园概念及分类

地质遗迹是在地球形成、演化的漫长地质历史时期,受各种内、外动力地质作用,形成、发展并遗留下来的自然产物。它不仅是珍贵的、不可再生的地质自然遗产,更是自然旅游资源的重要组成部分,有独特的观赏和游览价值。中国国家地质公园是以具有国家级特殊地质科学意义、较高的美学观赏价值的地质遗迹为主体,并融合其他自然景观与人文景观而构成的一种独特的自然区域。我国于 1985 年建立了第一个国家级地质自然保护区——中上元古界地质剖面国家自然保护区(天津蓟州区)。

一、地质公园的定义

1999 年 2 月联合国教科文组织正式提出"创建具有独特地质特征的地质遗址全球网络,将重要地质环境作为各地区可持续战略不可分割的一部分予以保护"的地质公园计划,同时诞生了地质公园这一新名词。为了加强对地质公园进行保护和合理开发,联合国教科文组织常务委员会于 1999 年 4 月 15 日在巴黎召开的第156 次会议上提出创建世界地质公园计划——每年建立 20 个,全球共建 500 个,并建立全球地质遗迹保护网络体系。

联合国教科文组织地学部在《世界地质公园网络工作指南》中,对"地质公园"的定义如下。

(1)地质公园是一个有明确的边界线,并且有足够大的使其可为当地经济发展服务的地区。它是由一系列具有特殊科学意义、稀有性和美学价值的,能够代表某一地区的地质历史、地质事件和地质作用的地质遗迹(不论其规模大小)或者拼合成一体的多个地质遗迹组成,它也许不只具有地质意义,还可有考古、生态、历史或文化价值。

(2)这些遗迹彼此有联系并受到正式的公园式管理及保护,制定了采用地方政策以区域性社会经济可持续发展为方针的官方地质公园规划。

(3)世界地质公园支持文化、环境上可持续发展的社会经济发展,可以改善当地居民的生活和农村环境,能加强居民对居住地区的认同感和促进当地的文化复兴。

(4)可探索和验证对各种地质遗迹的保护方法。

(5)可用作教学的工具,进行与地学各学科有关的可持续发展教育、环境教育、培训和研究。

(6)世界地质公园始终处在所在国独立司法权的管辖之下。

在国内,地质公园比较完整的概念是我国自然资源部〔2000〕77 号文件提出的,即地质公园是以具有特殊的科学意义,稀有的自然属性,优雅的美学观赏价值,具有一定规模和分布范围的地质遗迹景观为主体,融合自然景观与人文景观并具有生态、历史和文化价值;以地质遗迹保护,支持当地经济、文化教育和环境的可持续发展为宗旨,为人们提供具有较高科学品味的观光游览、度假休闲、保健疗养、科学教育、文化娱乐的场所,同时也是地质遗迹景观和生态环境的重点保护区、地质科学研究与普及的基地。

联合国教科文组织和国内关于地质公园的概念虽表述不同,但共同之处在于强调地质公园的两大属性,即地质属性和公园属性。地质属性强调地质遗迹的科学价值和生态价值,公园属性强调地质遗迹美学价值及由此衍生的经济价值,其中地质属性是区别于其他景区的显著特征。

二、地质公园的功能

地质公园可以提供人们追求的健康、美丽以及充满知识的环境,这使它具备了健康的、精神的、科学的、教育的、游憩的、环保的以及经济的多方面价值,因而地质公园具备以下功能。

1. 保护地质遗迹

地质公园以保护地质遗迹景观为前提,遵循开发和保护相结合的原则,严格保护地质自然遗产、保护原有景观特色,维护生态环境的良性循环,坚持可持续发展独特风格和地域特色。地质公园根据其自身特点,可分为生态保护区、特别景观保护区、遗迹保护区、风景游览区和发展控制区。其中,特别景观保护区(包括保护点和保护带)还可进一步细分为一级、二级和三级保护区。通过功能分区,可以处理好公园的保护和开发的关系,保证地质公园内的地质景观、土地和生物资源几乎处于自然状态,把人类活动的影响限制在最小。

2. 保护生物多样性

自然生态体系中的每一物种,都是长年演化的产物,其形成需上万年时间。地质公园对大自然物种的保护具有重要价值,为自然界和人类保留了丰富的基因库。

3. 提供人们游憩场所,繁荣地方经济

随着社会的进步,人们对于户外游憩的需求与日俱增,渴望重回自然。具有优美自然环境的地质公园无疑是现代都市生活高品质的游憩场所。地质公园通过产业链的关联性,形成营业收入、居民收入、就业、投资等的乘数效应,对地方社会、经济、文化产生明显的影响。

4. 促进国民教育和学术研究

地质公园内的地质、地貌、气候、土壤、生物、水文等自然资源未经人类的干扰,对于研究自然科学和地质的研究者来说,是极好的地质博物馆和自然博物馆。同

时还可利用地质公园研究地球的演化、生物进化、生态体系、生物群落等,并为地质公园和生态环境的保护提供理论和技术支持。地质公园还能通过游客中心、展览馆、研究站、解说牌和一些产品项目等介绍地质遗迹资源,给国民提供教育的机会。

三、地质公园的分类

地质公园按照不同的划分标准可以划分为不同的类型。

1. 按等级划分

根据批准政府机构的级别,地质公园可分为世界地质公园、国家地质公园、省级地质公园、县(市)级地质公园四种类型。世界地质公园由联合国教科文组织批准和颁发证书;国家地质公园由所在国中央政府批准和颁发证书;省级地质公园由省级政府批准和颁发证书;市(县)级地质公园由市(县)级政府批准和颁发证书。

2. 按园区面积划分

根据园区面积,地质公园可划分为特大型、大型、中型、小型等四类地质公园。特大型地质公园园区面积大于 100 km^2;大型地质公园园区面积为 $50 \sim 100 \text{ km}^2$;中型地质公园园区面积为 $10 \sim 50 \text{ km}^2$;小型地质公园园区面积小于 10 km^2。

3. 按功能划分

按功能进行划分,地质公园主要分为两类:一是以科研科考为主导型的地质公园,即园中景观的科研价值极高,主要任务是保护珍稀的地质遗迹;二是以审美观光为主导型的地质公园,即园中景观的观赏价值极高,这类公园对游客具有强烈的吸引力,构成地质公园的主体。

4. 按主要地质遗迹资源划分

按园中主要地质遗迹资源进行分类,地质公园可以分为四大类:一是地文景观类地质公园,包括地质和地貌景观等地质公园;二是水文景观类地质公园,包括海洋景观、河流景观、瀑布景观、湖泊景观、冰川景观、地下水景观等地质公园;三是生物景观类地质公园,包括植物景观、动物景观、自然保护区等地质公园;四是大气景观类地质公园,包括气象景观、气候景观和天象景观等地质公园。

四、与其他旅游目的地的比较

世界地质公园与其他类型的旅游目的地之间既有相似性,又具有其自身的特点,具体见表2-1。

表 2 - 1　世界地质公园与其他类型旅游目的地的比较

项目	自然保护区	风景名胜区	旅游度假区	主题公园	世界地质公园
定义	需要加以特殊保护的,具有典型意义的自然景观地域	具有观赏、文化或科学价值,自然景观、人文景观比较集中,环境优美,具有一定规模或范围,可供人们游憩或进行科学、文化活动的地区	旅游功能相对完整独立,为游憩、休闲、修学、康复等目的而设计经营的,能提供相当旅游设施和服务的旅游目的地整体	为满足旅游者多样化需求和选择而建设的一种具有创意性游园线索和策划性活动方式的现代旅游目的地	是一个土地上所有的或地理区域系统,该系统的主要目的是保护国家或国际的地质遗迹景观及其地理地质环境和生物多样性,使其自然演化并最小地受到人类的干预,到此观光以游憩、教育及文化陶冶为目的,并得到批准
主要职能	生态保护、科研和观光	观光、游览和进行科学文化活动	游览、休闲和度假	休闲、娱乐游憩、表演和节事活动	观光游览、度假休闲、保健疗养、科学教育、文化娱乐
区位选择	旅游资源导向	旅游资源导向	旅游市场导向	大城市,经济发达地区,交通方便之地	地质遗迹景观基础上的旅游市场导向
目标市场	以生态旅游者为主	由旅游资源的禀赋决定市场范围	以享受带薪假期制度的旅游者为主	与大城市经济、文化辐射范围基本一致	依托大城市、旅游度假区,凭借地质遗迹景观的品质辐射周边市场
规划理念	严格保护,科学管理,合理开发	遵循自然规律,开发与保护并重,保持原生态风景	创造一种能够促进并提高愉悦感的环境	重视主题形象的审美和夸张的、充分的空间感	保护与利用并重,重视主题形象的塑造

第二节　国内外地质公园的建设和发展

　　1997 年,联合国教科文组织提出"创建具有独特地质特征的地质遗址全球网络,将重要地质环境作为各地区可持续发展战略不可分割的一部分"的地质公园构想,并在 1998—1999 年的教科文组织的计划和预算中首次引用"Geopark"这一地质公园术语。欧洲地质公园网络(European Geopark Network,EGN)和中国地质公园与联合国教科文组织合作,倡议建立世界地质公园网络(Global Geoparks Network,GGN)。2002 年,在中国赵逊研究员、马来西亚 I. Komoo 教授等参与下,EGN 和联合国教科文组织发布了 GGN 的操作指南和标准,首次对世界地质公园的申请、评估及管理等提出了初步的要求和标准,为世界地质公园的诞生奠定了基础。

一、世界地质公园网络

(一)世界地质公园网络的建立

　　20 世纪中叶到 90 年代前半期,地质遗迹的保护由各国的分散行动变为国际组织发起和推动的全球行动。1989 年联合国教科文组织、国际地科联、国际地质对比计划以及国际自然保护联盟在华盛顿成立了"全球地质及古生物遗址名录"计划,1996 年更名为"地质景点计划",1997 年再更名为"地质公园计划"。1991 年 6 月在法国迪尼通过的《国际地球记忆权力宣言》再次强调了地球生命和环境演化遗留下的地质遗迹对全世界的重要性;1997 年联合国大会通过了联合国教科文组织提出的"促使各地具有特殊地质现象的景点形成全球性网络"的计划及预算,从各国(地区)推荐的地质遗产地中遴选出具有代表性、特殊性的地区纳入地质公园计划;1999 年 4 月联合国教科文组织第 156 次常务委员会会议提出了建立地质公园计划的决定;2001 年 6 月联合国教科文组织执行局决定,联合国教科文组织支持其成员国提出的创建独特地质特征区域或自然公园,建设全球国家地质公园网络,并于 2002 年 5 月颁布了《世界地质公园网络工作指南》。至此,正式开始了世界地质公园的申报和评审工作。

　　2004 年 2 月,联合国教科文组织在巴黎召开的会议上首次将 25 个成员纳入世界地质公园网络,其中 8 个来自中国,17 个来自欧洲,这标志着全球性的联合国教科文组织"世界地质公园网络"正式建立,并决定由中国自然资源部在北京建立"世界地质公园网络办公室"。2004 年 6 月在中国北京召开了第一届世界地质公园大会,大会制定了《世界地质公园大会章程》,定名为世界地质公园大会,并决定原则上每两年举行一次。

(二)管理机构与重要活动

1. 管理机构

世界地质公园网络的管理机构有联合国教科文组织下的生态与地学部、世界地质公园专家局、世界地质公园网络办公室和欧洲地质公园网络的组成机构。

(1)联合国教科文组织下的生态与地学部。下设有地质公园秘书处,负责制定世界地质公园网络管理制度,组织开展网络新成员的申报与审查工作,对现有网络成员进行中期检查,组织地质公园相关大型会议和活动以及协调网络成员之间的交流与合作等重要事宜。

(2)世界地质公园专家局。由地质公园秘书处负责组织任命的专家群体,具体负责对世界地质公园网络候选成员进行审查,按照《寻求联合国教科文组织帮助申请加入世界地质公园网络的国家地质公园工作指南》中的标准,投票表决某个候选成员是否被批准成为世界地质公园网络的正式成员。同时,在每隔4年对所有网络成员开展的中期检查中,专家局成员对每个网络成员的检查结果进行投票表决。

(3)世界地质公园网络办公室。为了指导、协调、支持和帮助各国的地质公园建设,增加各地质公园间的联系、合作和交流,2004年联合国教科文组织与中国自然资源部共同成立了"世界地质公园网络办公室",地点设立在中国北京。其主要任务是建立世界地质公园联络中心,建设管理数据库和网站,以及编发世界地质公园通讯录等。

(4)欧洲地质公园网络的组成机构。之所以将欧洲地质公园网络的组成机构视作世界地质公园网络管理机构的一部分,是因为欧洲地质公园网络和联合国教科文组织于2004年签订了《联合国教科文组织地学部与欧洲地质公园网络合作协议》和《马东尼宣言》,以及根据《寻求联合国教科文组织帮助申请加入世界地质公园网络的国家地质公园工作指南》中的明确规定,欧洲国家向世界地质公园网络递交的申请都通过欧洲地质公园网络来执行。

2. 重要活动

世界地质公园网络的重要活动主要有世界地质公园大会、国际地质公园发展研讨会、亚太地质公园网络大会、欧洲地质公园年会、欧洲地质公园周等。其中,世界地质公园大会已经成为全球地质公园领域规模最大、级别最高的学术交流盛会,是世界地质公园网络的最重要活动之一,每两年召开一次,每届会议都围绕地质公园设定一个主题。

国际地质公园发展研讨会由国际地质科学联合会、中国地质科学院、中国地质学会等联合主办,旨在强调科学研究在地质公园发展中的重要性,提高地质公园在人类社会可持续发展中的作用,并共同探讨地质公园发展中出现的各种问题及提出对策。

亚太地质公园网络是亚洲太平洋地区世界地质公园的网络组织,隶属于联合国教科文组织世界地质公园执行局。这一组织的建立在于借鉴欧洲地质公园网络的成功经验,以加强亚太地区所有地质公园之间的相互交流与合作,同时在亚太地区进一步扩大地质公园的影响,吸纳更多国家和地区加入地质公园建设之中。

(三)世界地质公园网络的申报与后期管理

联合国教科文组织公布的《世界地质公园网络工作指南》规定了申请加入世界地质公园网络的条件、申请步骤以及相应的管理机制,如定期汇报以及定期评估等机制。《世界地质公园网络工作指南》对申请加入世界地质公园网络需要提交的材料提出了明确规定,要求包含以下内容:申报地的特定信息;科学描述(如国际地学意义、地质多样性、地质遗址的数量等);该地的总体信息(如地理位置、经济状况、人口、基础设施、就业状况、自然景观、气候、生物、聚居地、人类活动、文化遗迹、考古等)。除了这些真实的地域特征描述之外,还要求详细介绍候选网络成员的管理计划和机构,以确保后期管理的质量。所有候选者还要填写一份申请者自评估表,展示候选者在地质与景观、管理机构、信息与环境教育以及区域经济可持续发展等方面的现状及对应分值,作为评估专家考察候选者的重要依据。

《世界地质公园网络工作指南》还明确规定,必须在申报的文本中陈述候选者的可持续发展政策战略和旅游在其中的重要性。另外,为了确保申请加入世界地质公园网络是一种自愿行为,且能得到当地政府的支持,《世界地质公园网络工作指南》规定申报文本中必须提供表达自身意愿的信件、权威机构签字的官方申请书、候选者所在国家的联合国教科文组织国家委员会的签署文件以及该国国家地质公园网络的签署文件等。整个申报过程包括候选者提交申报文本、联合国教科文组织地质公园秘书处查验文本、派遣专家实地考察、确认评审结果等环节。

联合国教科文组织每四年对每个网络成员的状态进行定期检查(中期评估),以督促地质公园建设,内容包括审查最近四年来的工作进展以及所在地区的可持续经济活动发展等。另外,还要考虑地质公园参加网络活动(如出席会议、参加世界地质公园网络共同活动、自愿带头实施新的倡议等)的积极程度。中期评估有"通过检查""暂时保留成员资格""从网络中除名"三种结果。

世界地质公园网络标识是作为世界地质公园网络成员的一个标志。任何一个地质公园,只有在成功通过评审并且收到世界地质公园秘书处的正式批准文件之后,才能使用该标识。

(四)世界地质公园网络进展与展望

世界地质公园网络自建立以来,取得了明显进展,表现在以下几个方面:

(1)促进了地质遗迹保护。主要体现在提升公众保护意识、提高地质遗迹保护技能、加大保护资金投入、深入开展科学研究等几个方面。

（2）促进了当地经济发展。带动地方经济发展，不仅是地质公园的一项重要使命，而且已经成为地质公园的一项重要成果。

（3）促进了地学知识的普及。①地质公园为地学知识普及提供了原地场所；②为开展各种科普活动提供了平台；③地质公园的发展产生了大量的科普读物及音像制品；④促进了网络成员之间的相互交流与合作。

世界地质公园网络从其建立到发展过程中，很多有识之士放眼于长远发展，提出了针对性的对策建议，确保该网络在推动全球地质公园发展中继续发挥主导作用并科学引导更多国家认同"地质公园倡议"，促进可持续发展。随着世界地质公园网络的发展，其将在以下几个方面不断推进：

（1）网络成员的分布将更加均衡和广泛。

（2）网络成员之间的合作将更具深度和广度。

（3）网络的运转机制将更加成熟与完善。

（4）在促进地质遗迹保护、发展地方经济和推动地学科普方面将发挥更明显的作用。

二、欧洲地质公园网络

欧洲地质公园走出了建立国际性世界地质公园的第一步，为地质公园走向国际积累了经验。

（一）欧洲地质公园网络的建立

欧洲地质公园网络（European Geopark Network，EGN）成立于 2000 年，旨在促进地球遗产保护和宣传，加强地球科学教育，通过地质旅游带动当地经济可持续发展。1996 年 8 月，第 30 届国际地质大会在中国北京召开，在地质遗迹保护的分组讨论会上，法国的马丁尼和希腊的佐罗斯提出了一个非同凡响的倡议——建立欧洲地质公园，希望能在地质学家和公众间设一道桥梁，普及地球科学，保护地质遗迹。该提议成功地获得欧盟的支持，并得到项目资助，强调"以发展地质旅游开发来促进地质遗迹保护，以地质遗迹保护来支持地质旅游开发"。马丁尼和佐罗斯旋即着手地质公园建设的初期准备工作，并设想把欧洲的地质公园组合成一个整体，目的是保护地质遗产，推动地球科学知识的普及，发展区域经济和增加居民就业。

2000 年 11 月，第一届欧洲地质公园大会在西班牙召开，会上讨论了建立欧洲地质公园网络，并对欧洲地质公园定义、申请的标准和申报文件填写要求等进行了探讨。首批 4 个欧洲地质公园，具有独特地质与地貌遗迹的 4 个欧洲地域代表，即法国普罗旺斯高地地质公园、德国埃菲尔山脉地质公园、希腊莱斯沃斯石化森林地质公园、西班牙马埃斯特地质公园，成了欧洲地质公园网络的创立成员。

（二）欧洲地质公园网络管理与申报

欧洲地质公园网络的活动得到了欧盟的支持，并制定有正式的章程和组织机构，在法国设有办事机构，不定期出版刊物，召开例行年会，举办参观交流活动，组织各成员参加展销会，推广并介绍欧洲地质公园各成员的产品和信息。同时，它还通过一系列的活动扩大影响，加强联系，巩固组织。在对地质公园的要求上，欧洲地质公园网络要求各地质公园有清楚的边界，并应包含若干处稀有而美观的地质遗迹，其科学研究价值要高，并且要具有考古学、环境学和人文历史学方面的遗址与之相伴。

欧洲地质公园必须在欧洲地质公园网络中运作，促进欧洲地质公园网络的架构与凝聚力。欧洲地质公园必须与地方事业共同运作，与其他欧洲地质公园网络的成员相互合作，促进及支持开发相关的产品。为了获得欧洲地质公园认证标章，必须填报"欧洲地质公园"提名的申请，并呈送给主管的地质公园机关审核。

欧洲地质公园的申请有一定的程序和申报内容格式，完成申报材料后要上交到欧洲地质公园协调机构，由其专家委员会提出是否接纳的意见，再做出决定。同时，欧洲地质公园网络设定了共同目标：①共同推进地质遗迹的保护工作；②与大学和科研单位合作，共同开展地质科学研究；③形成地球科学教育基地；④形成面向公众的科学普及基地；⑤"欧洲地质公园网络协调中心"组成一个以可持续发展及地质遗产提升方面的恢复地学生态景观专家委员会，委员来自地质遗产提升计划区域及国际机构。任何希望发展成为一个欧洲地质公园的地域，或是给予协助或建议以地质旅游或地质遗产的提升为方针的地域，可以要求"欧洲地质公园网络协调中心"提供专家团。"欧洲地质公园网络协调中心"将给予专家团经费协助。经由地质公园会员的整合，先前"欧洲地质公园网络协调中心"的成员要关照所有新成员的代表。之后，欧洲地质公园网络发展的活动、产品及管理成本，将由所有成员负责，共同寻求金融资源以维持欧洲地质公园网络的运作。

（三）欧洲地质公园网络的主要工作和活动

欧洲地质公园网络的主要工作和活动包括以下三方面：

（1）共同标签与意向。每个经认证的地域将准予使用欧洲地质公园的标志及图标。在取得欧洲地质公园认证之后，有助于创造可持续发展品质的共同意向，进而促进该地区的经营与管理。所有使用欧洲地质公园标志的地区，其出版品及产品都要送到"欧洲地质公园网络协调中心"建档。

（2）网站。网站由"欧洲地质公园网络协调中心"管理，且将定期更新，以便让更多有兴趣的人可以通过因特网认识各个欧洲地质公园。

（3）会议。地质公园管理人员、科学家，以及地质遗迹保护、地质旅游和地方发展方面的专业人士都可以参加。这个会议将使许多成员彼此熟悉，同时交换经验，探讨产品设计，并且共同商讨公园未来发展策略。

欧洲地质公园周是所有欧洲地质公园网络成员在每年 5 月的最后一周和 6 月的第一周期间同时庆祝的一个共同节日。庆祝形式包括展会、跟团旅游、户外活动、比赛、讲座和科普活动。节日庆典最初始于 2004 年,之后参加庆祝活动的地质公园数量逐年增加。欧洲地质公园周活动的重点包括:向公众介绍每个地质公园的自然文化特征;通过在地质公园开展的跟团旅游和科普活动提高游客特别是青少年学生的自然遗产保护意识;在各自所在地区向游客介绍其他的地质公园,以便更好地理解欧洲地区地球遗产的多样性与特征。

科普活动一直是欧洲地质公园关注和运作的重点。在游客尤其是青少年群体中,欧洲地质公园是露天的地质博物馆,向人们很好地展示了自然生态系统中生物要素和非生物要素之间的交互作用;同时,欧洲地质公园又共同组成了天然的户外实验室。几乎每一个地质公园都有自然历史博物馆,一些公园还有声、光、电的演示放映厅,以及一些音像出版物对该区地质历史进行科学说明和演示。有些公园还出售图书、照片、光盘甚至是标本和模型,以及动画图片和儿童玩具,这些科普宣传内容从野外现场到室内,又从室内回到野外现场,生动活泼,栩栩如生,深入浅出,把科学知识融汇于游览活动之中,访问者无不称赞。

三、中国国家地质公园建设

中国国家地质公园这个词语最早出现在 1985 年,当年 11 月地质矿产部在长沙召开了首届地质自然保护区区划和科学考察工作会议,会议代表在考察了武陵源砂岩峰林地质地貌和独特优美的景观后,提出建立"武陵源国家地质公园"的建议。1987 年 7 月,地质矿产部的《关于建立地质自然保护区规定(试行)的通知》中,把地质公园作为保护区的一种方式提了出来。1995 年 5 月,地质矿产部颁布了《地质遗迹保护管理规定》,进一步以条文的形式把地质公园作为地质及遗迹保护区的方式列入《地质遗迹保护管理规定》之中。但是,1990 年以前建立的 86 处地质自然保护区(其中国家级 12 处),并没有被冠以"国家地质公园"的名称。1990年联合国教科文组织"世界地质公园计划"的提出,对中国地质公园体系的建立起到了重要的推动作用。

2000 年 3 月,自然资源部环境司向自然资源部提出了开展国家地质公园工作的报告;2000 年 8 月,国土资源厅〔2000〕68 号文下发了《关于国家地质遗迹(地质公园)领导小组机构及人员组成的通知》,正式成立了"国家地质遗迹(地质公园)领导小组"和"国家地质遗迹(地质公园)评审委员会"。2000 年 9 月,国土资源部办公厅《关于申报国家地质公园的通知》(国土资厅发〔2000〕77 号)下发,文件的附件详细规定了国家地质公园申报、评审、批准等一系列工作的要求和内容,使中国国家地质公园建设步入规范化的轨道。

2001 年 4 月,我国正式公布了首批云南石林等 11 处国家地质公园的名单。

到 2011 年,我国已批准建立国家地质公园 218 处(具体见表 2-2 至表 2-7)。中国国家地质公园标徽的主题图案由代表山石等奇特地貌的山峰和洞穴的古山字,代表水、地层、断层、褶皱构造的古水字,以及代表古生物遗迹的恐龙等组成,表现了主要地质遗迹(地质景观)类型的特征,并体现了博大精深的中华文化,是一个简洁醒目、科学与文化内涵寓意深刻、具有中国文化特色的图徽。

表 2-2　第一批(2001 年 4 月)中国国家地质公园

序号	国家地质公园名称	主要地质特征、地质遗迹保护对象	主要人文景观
1	云南石林国家地质公园	碳酸盐岩溶峰丛地貌,溶洞	哈尼族民族风情,歌舞
2	云南澄江国家地质公园	寒武纪早期(5.3 亿年前)生物大爆发,数十个生物种群同时出现	抚仙湖旅游区
3	湖南张家界国家地质公园	砂岩峰林地貌,柱、峰、塔锥上植物奇秀,附近有溶洞和脊椎动物化石产地	土家族民族风情
4	河南嵩山国家地质公园	完整的华北地台地层面,三个前寒武纪的角度不整合	华夏文化,文物、寺庙集中,少林寺,嵩阳书院
5	江西庐山国家地质公园	断块山体,江南古老地层剖面,第四纪冰川遗迹	白鹿洞书院,世界不同风格建筑,中国近代史重大历史事件发生地
6	江西龙虎山国家地质公园	丹霞地貌景观	古代道教活动中心,有悬棺群和古崖遗址
7	黑龙江五大连池国家地质公园	火山岩地貌景观、温泉	中国最近一次的火山喷发
8	四川自贡恐龙国家地质公园	恐龙发掘地,多种恐龙化石密集埋藏	世界最早的超千米盐井
9	四川龙门山国家地质公园	峰丛溶洞,丹霞地貌,飞来峰	寺庙
10	陕西翠华山国家地质公园	地震引起的山体崩塌堆积	古代名人碑刻
11	福建漳州国家地质公园	滨海火山岩,玄武柱状节理群火山喷气口海蚀地貌	沙滩,海滨休息区,寺庙

表 2-3　第二批(2002 年 3 月)中国国家地质公园

序号	国家地质公园名称	主要地质特征、地质遗迹保护对象	主要人文景观
1	安徽黄山国家地质公园	花岗岩峰丛地貌	摩崖石刻、名人碑刻
2	安徽齐云山国家地质公园	丹霞地貌	方腊寨
3	安徽淮南八公山国家地质公园	8 亿~7 亿年前的淮南生物群,晚前寒武—寒武纪地层,岩溶	淝水之战古战场,寿州城
4	安徽浮山国家地质公园	火山岩风化作用形成特有洞崖	古寺庙
5	甘肃敦煌雅丹国家地质公园	雅丹地貌,黑色戈壁滩	千佛洞石窟,月牙泉
6	甘肃刘家峡恐龙国家地质公园	恐龙化石和足印	刘家峡电站及水库
7	内蒙古克什克腾国家地质公园	花岗岩峰林地,沙漠与大兴安岭林区接壤地,草原,达里湖,云杉林	金边堡,蒙古族风情
8	云南腾冲国家地质公园	近代火山地貌,温泉,生物多样性	古边城,少数民族风情
9	广东丹霞山国家地质公园	丹霞地貌命名地	
10	四川海螺沟国家地质公园	现代低海拔冰川	藏族风情
11	四川大渡河峡谷国家地质公园	奇险的大渡河峡谷及支流形成的峰谷,大瓦山及第四纪冰川遗址	藏族风情
12	四川安县生物礁国家地质公园	成片硅质海绵礁	庙宇
13	福建大金湖国家地质公园	湖上丹霞地貌	
14	河南焦作云台山国家地质公园	丹崖壁,悬崖瀑布,水利工程,岩溶	竹林七贤居地

续表

序号	国家地质公园名称	主要地质特征、地质遗迹保护对象	主要人文景观
15	河南内乡宝天曼国家地质公园	变质岩结构	生物多样性
16	黑龙江嘉荫恐龙国家地质公园	恐龙发掘地	中国最北部的自然景观
17	北京石花洞国家地质公园	石灰岩岩溶洞穴，各类石笋、石钟乳，房山北京人遗址	北京西郊大量人文遗址
18	北京延庆硅化木国家地质公园	原地埋藏的硅化木化石	延庆具有大量人文遗迹，如古崖居
19	浙江常山国家地质公园	奥陶系达瑞威尔阶层性界限（GSSP）礁灰岩岩溶	太湖风景名胜
20	浙江临海国家地质公园	白垩纪火山岩及风化成的洞穴	东海海滨风情
21	河北涞源白石山国家地质公园	白云岩，大理岩形成的石柱，峰林地貌，泉，拒马河源头	古寺，古塔，长城，关隘
22	河北秦皇岛柳江国家地质公园	华北北部完整的地层剖面，海滨沙滩，花岗岩峰丘，洞穴	长城，度假区
23	河北阜平天生桥国家地质公园	阜平群（28亿～25亿年前）地层	国内革命战争遗址
24	黄河壶口瀑布国家地质公园	壶口瀑布	
25	山东枣庄熊耳山国家地质公园	石灰岩岩溶地貌，洞穴，峡	古文化遗址，古战场
26	山东山旺国家地质公园	第三纪湖相沉积，脊椎、昆虫、鱼等多种化石	
27	陕西洛川黄土国家地质公园	中国黄土标准剖面，黄土地貌	洛川会议，黄土风情
28	西藏易贡国家地质公园	现代冰川，巨型滑坡，堰塞湖	藏族风情，青藏高原南部风情
29	湖南郴州飞天山国家地质公园	丹霞地貌，崖，天生桥，洞，峡	寺庙，碑刻，悬棺

续表

序号	国家地质公园名称	主要地质特征、地质遗迹保护对象	主要人文景观
30	湖南莨山国家地质公园	丹霞地貌	古代名人和战争遗址
31	广西资源国家地质公园	丹霞地貌	瑶族风情
32	天津蓟县国家地质公园	中国北方中晚元古界标准剖面	长城黄崖关,古塔,庙宇
33	广东湛江湖光岩国家地质公园	火山地貌,马尔湖	古代人文,名人碑刻

表 2-4　第三批(2004 年 2 月)中国国家地质公园

序号	国家地质公园名称	主要地质特征、地质遗迹保护对象	主要人文景观
1	河南王屋山国家地质公园	地质构造和地层遗迹	小浪底水利工程
2	四川九寨沟国家地质公园	"层湖叠瀑"景观	扎如寺,达吉寺
3	浙江雁荡山国家地质公园	火山地质遗迹	寺庙
4	四川黄龙国家地质公园	以露天钙化景观为主的高寒岩溶地貌,冰川	宗教寺庙,藏族风情,革命遗址
5	辽宁朝阳古生物化石国家地质公园	古生物化石,凤凰山地质构造	槐树洞,热水汤,古人类遗址
6	广西百色乐业大石围天坑群国家地质公园	岩溶地貌,天坑群,溶洞,地下暗河	少数民族风情
7	河南西峡伏牛山国家地质公园	恐龙蛋集中产地	
8	贵州关岭化石群国家地质公园	关岭古生物群,小凹地质走廊	布依族、苗族风情

续表

序号	国家地质公园名称	主要地质特征、地质遗迹保护对象	主要人文景观
9	广西北海涠洲岛火山国家地质公园	火山,海岸,古地震遗迹,古海洋风暴遗迹	天主教堂、圣母堂
10	河南嵖岈山国家地质公园	花岗岩地貌	历史名人
11	浙江新昌硅化木国家地质公园	硅化木	
12	云南禄丰恐龙国家地质公园	古生物遗迹	古人类文化遗址,少数民族风情
13	新疆布尔津喀纳斯湖国家地质公园	冰川遗迹,流水地貌	蒙古族人图瓦文化,图鲁克岩画
14	福建晋江深沪湾国家地质公园	海底森林,海蚀地貌	
15	云南玉龙黎明老君山国家地质公园	高山丹霞地貌,冰川遗迹	民俗文化
16	安徽祁门牯牛降国家地质公园	花岗岩峰丛,怪石,岩洞,水文地质遗迹	千年古村,革命根据地遗址
17	甘肃景泰黄河石石林国家地质公园	黄河石林,融合峰林,雅丹和丹霞等地貌特征	明长城,五佛寺
18	北京十渡国家地质公园	峡谷,河流地貌	
19	贵州兴义国家地质公园	峡谷地缝,岩溶地貌	古人类文化遗址,布依族、苗族风情
20	四川兴文石海国家地质公园	岩溶地貌,古生物化石	苗族风情
21	重庆武隆岩溶国家地质公园	岩溶地貌,天生桥群,洞穴,天坑,地缝,峡谷	古崖新栈,吊脚楼,清代古墓

序号	国家地质公园名称	主要地质特征、地质遗迹保护对象	主要人文景观
22	内蒙古阿尔山国家地质公园	火山,温泉,地质地貌	战争遗址,蒙古族风情
23	福建福鼎太姥山国家地质公园	火山,海蚀地貌	客家文化
24	青海尖扎坎布拉国家地质公园	丹霞地貌	宗教藏族风情
25	河北赞皇嶂石岩国家地质公园	构造地貌	
26	河北涞水野三坡国家地质公园	冲蚀嶂谷地貌	明、清长城摩崖石刻
27	甘肃平凉崆峒山国家地质公园	丹霞地貌,斑马山	道教发源地
28	新疆奇台硅化木恐龙国家地质公园	硅化木,恐龙化石,雅丹地貌	古遗址,古地貌
29	长江三峡(湖北、重庆)国家地质公园	河流,岩溶,地层	长江文明
30	海南海口石山火山群国家地质公园	火山,岩溶隧道	火山文化,田园风光
31	江苏苏州太湖西山国家地质公园	花岗岩,湖泊地貌	江南刺绣
32	宁夏西吉火石寨国家地质公园	丹霞地貌,地史遗迹,水文景观	石窟
33	吉林靖宇火山矿泉群国家地质公园	火山,温泉	近代人文景观
34	福建宁化天鹅洞群国家地质公园	岩溶洞穴	

续表

序号	国家地质公园名称	主要地质特征、地质遗迹保护对象	主要人文景观
35	山东东营黄河三角洲国家地质公园	河流三角洲地貌	胜利油田
36	贵州织金洞国家地质公园	岩溶地貌,织金洞,峡谷	苗族风情
37	广东佛山西樵山国家地质公园	粗面质火山遗迹,明代采食遗迹	佛家文化遗址
38	贵州绥阳双河洞国家地质公园	喀斯特洞穴	公馆桥,金钟山寺
39	黑龙江伊春花岗岩石林国家地质公园	花岗岩地貌	
40	重庆黔江小南海国家地质公园	地震灾害遗迹,岩溶地貌	革命历史遗址
41	广东阳春凌霄岩国家地质公园	岩溶地貌,地层及构造遗迹,古人类洞穴遗址	摩崖石刻,碑帖,民族风情

表 2-5　第四批(2005 年 8 月)中国国家地质公园

序号	公园名称	主要地质特征、地质遗迹保护对象	主要人文景观
1	河北临城国家地质公园	岩溶洞穴	唐宋邢瓷窑遗址
2	河北武安国家地质公园	石英砂岩峡谷峰林,玄武岩溢流遗迹	武安磁山文化遗址
3	内蒙古阿拉善沙漠国家地质公园	以沙漠、戈壁为主体的地貌景观	德拉山岩画,黑城文化
4	山西壶关太行山大峡谷国家地质公园	构造地貌,水体景观	抗战遗址
5	山西宁武万年冰洞国家地质公园	全球非冻土带的最大冰洞	

序号	国家地质公园名称	主要地质特征、地质遗迹保护对象	主要人文景观
6	山西五台山国家地质公园	许多重大地质、地貌事件的命名地,佛教名山	佛教圣地、革命圣地
7	黑龙江镜泊湖国家地质公园	第四纪火山堰塞湖景观	
8	黑龙江兴凯湖国家地质公园	湖泊湿地	新开流古人类遗址
9	辽宁本溪国家地质公园	"本溪组"层型剖面	
10	辽宁大连冰峪国家地质公园	冰峪石英岩地貌景观	
11	辽宁大连滨海国家地质公园	海蚀地貌	
12	陕西延川黄河蛇曲国家地质公园	河流地质作用遗迹	
13	青海互助嘉定国家地质公园	岩溶,冰川,丹霞,峡谷	扎龙寺,甘禅寺,天堂寺,土族风情
14	青海久治年宝玉则国家地质公园	冰川地质遗迹,热矿泉,古火山	藏传佛教文化
15	青海昆仑山国家地质公园	地震遗迹,冰川景观	人类遗迹
16	新疆富蕴可可托海国家地质公园	中国第一个以典型矿床和矿山遗址为主体景观的国家地质公园,阿尔泰山花岗岩地貌景观,富蕴大地震遗迹	
17	云南大理苍山国家地质公园	第四纪冰川遗迹,高山陡峻构造侵蚀地貌,峡谷地貌景观,变质岩变形遗迹	以白族为主的民族 南诏文化
18	四川华蓥山国家地质公园	中低山岩溶地貌、构造、地层剖面	革命历史遗址

续表

序号	国家地质公园名称	主要地质特征、地质遗迹保护对象	主要人文景观
19	四川江油国家地质公园	岩溶化砾岩丹霞地貌,典型的泥盆纪地层剖面,岩溶景观遗迹	
20	四川射洪硅化木国家地质公园	硅化木化石和恐龙化石地质遗迹	
21	四川四姑娘山国家地质公园	极高山山岳地貌,第四纪冰川地貌	红军长征遗址,藏族风情
22	重庆云阳龙缸国家地质公园	岩溶天坑,流水地貌	土家族风情
23	贵州六盘水乌蒙山国家地质公园	岩溶地貌,水体景观	古人类遗址
24	贵州平塘国家地质公园	岩溶地貌,水体景观	
25	西藏札达土林国家地质公园	土林地貌	
26	安徽大别山(六安)国家地质公园	花岗岩地貌,变质岩地貌,丹霞地貌,构造地貌,火山岩地貌	革命圣地
27	安徽天柱山国家地质公园	花岗岩峰丛地质地貌超高压变质地带遗迹,古新世脊椎动物化石	石刻文化,宗教文化,古皖文化
28	山东长山列岛国家地质公园	海蚀、海积等地质遗迹	古人类遗址
29	山东沂蒙山国家地质公园	恐龙足迹化石,花岗岩奇峰,地下溶洞	沂蒙革命老区
30	山东泰山国家地质公园	构造遗迹,侵蚀地貌	历史名山
31	江苏南京六合国家地质公园	火山群,石柱林群,雨花石生成的剖面群	古冶炼-采矿场
32	上海崇明长江三角洲国家地质公园	淤泥质的潮滩地貌景观	学宫,寿安寺

序号	国家地质公园名称	主要地质特征、地质遗迹保护对象	主要人文景观
33	福建德化石牛山国家地质公园	火山岩,潜火山岩,火山构造	闽台两地的道教圣地——石壶祖殿
34	福建屏南白水洋国家地质公园	火山地质,火山构造,典型火山岩类,火山岩地貌,水体景观	
35	福建永安桃源洞国家地质公园	桃源洞丹霞地貌,大湖岩溶地貌	新石器古文化遗址
36	江西三清山国家地质公园	花岗岩峰林地貌	历代道家修炼场所
37	江西武功山国家地质公园	花岗岩峰崖地貌	摩崖石刻与人文古迹,古建筑与道佛教文化
38	河南关山国家地质公园	典型地质剖面,水体景观	子房宫,藏书,抚琴台,奕台
39	河南黄河国家地质公园	第四季黄土地层剖面	冶铁遗址,北郊田村西山遗址,鸿沟遗址,黄河文化
40	河南洛宁神灵寨国家地质公园	花岗岩崖壁(石瀑)地貌,峡谷地貌	人文历史遗迹仰韶文化、龙山文化遗址
41	河南洛阳黛眉山国家地质公园	峡谷地貌,水体景观,典型地质剖面	千唐志斋,小海底大坝
42	河南信阳金刚台国家地质公园	火山地貌,水体遗迹	崇福塔,息影塔,华严寺,革命纪念地
43	湖南凤凰国家地质公园	典型的台地峡谷型岩溶地貌	凤凰城,苗族风情
44	湖南古丈红石林国家地质公园	红石林岩溶地	土家风情
45	湖南酒埠江国家地质公园	岩溶峰丛谷地地貌	
46	湖北木兰山国家地质公园	木兰山蓝片岩地质剖面	历代宗教圣地
47	湖北神农架国家地质公园	第四纪冰川遗迹,峡谷地貌,构造地貌,水体遗迹,古生物化石	神农架文化

续表

序号	国家地质公园名称	主要地质特征、地质遗迹保护对象	主要人文景观
48	湖北郧县恐龙蛋化石群国家地质公园	恐龙蛋化石群地质遗迹	
49	广东恩平地热国家地质公园	地热温泉	古代采金遗址,石头村人景观
50	广东封开国家地质公园	中酸性侵入岩地质地貌,砂页岩峰林地质地貌,碳酸盐岩岩溶地貌,第四纪山谷曲流	古人类遗址,金矿采矿遗址
51	广东深圳大鹏半岛国家地质公园	海岸地貌,古火山遗迹	
52	广西凤山岩溶国家地质公园	岩溶洞穴,天窗群,天生桥,天坑群	少数民族民俗文化
53	广西鹿寨香桥岩溶国家地质公园	岩溶峰丛,峰林,峡谷,溶洞,天生桥,石林	西汉铜鼓,铜盆山摩崖石刻,西眉山炮楼

表 2-6　第五批(2009 年 8 月)中国国家地质公园

序号	公园名称	主要地质特征、地质遗迹保护对象	主要人文景观
1	吉林长白山火山国家地质公园	火山地貌景观,水体景观	满族的发祥地
2	吉林乾安泥林国家地质公园	泥林地貌,古生物化石	古人类遗迹
3	云南丽江玉龙雪山国家地质公园	冰川遗迹,构造山地,断陷盆地,深切峡谷,垂直生态地质景观	纳西族文化
4	云南九乡峡谷洞穴国家地质公园	岩溶洞穴	古人类居住遗址,彝族风情
5	新疆天山天池国家地质公园	第四纪冰川遗迹,古生物化石,湖泊景观	娘娘庙,哈萨克族风情
6	新疆库车大峡谷国家地质公园	库车地貌,第四纪冰川地貌,火山岩峰丛景观	龟兹文化,汉唐冶炼遗址

序号	国家地质公园名称	主要地质特征、地质遗迹保护对象	主要人文景观
7	湖北武当山国家地质公园	秦岭褶皱系构造	道教圣地,古建筑
8	湖北大别山(黄冈)国家地质公园	花岗岩地质地貌景观	革命圣地
9	山东诸城恐龙国家地质公园	恐龙化石长廊和化石隆起带等极具代表性的世界规模最大恐龙化石群	
10	山东青州国家地质公园	岩溶地貌,水体景观,古生物化石	东夷文化
11	安徽池州九华山国家地质公园	花岗岩峰丛,第四纪冰川遗迹,岩溶洞穴,水体景观	佛教中地藏王菩萨道场,茶文化
12	安徽凤阳韭山国家地质公园	岩溶洞穴,水体景观	凤阳花鼓
13	内蒙古二连浩特国家地质公园	恐龙化石	草原风情
14	内蒙古宁城国家地质公园	古生物化石遗迹,第四纪冰川遗迹,花岗岩地貌,温泉	契丹文化,大明塔,法轮寺
15	福建连城冠豸山国家地质公园	壮年早期单斜式丹霞地貌、丹山碧水、溶洞等地质遗迹	客家文化
16	福建白云山国家地质公园	古冰川遗迹,晶洞碱长花岗岩河床侵蚀地貌,深切峡谷地貌,山岳地貌	畲族文化
17	贵州黔东南苗岭国家地质公园	古生物化石,喀斯特地貌,山原地貌,地层剖面,典型地质构造	原生态苗族,侗族民族文化
18	贵州思南乌江喀斯特国家地质公园	岩溶地貌景观,水体景观	古建筑,古村落
19	宁夏灵武国家地质公园	恐龙化石遗址	水洞沟古文化遗址

续表

序号	国家地质公园名称	主要地质特征、地质遗迹保护对象	主要人文景观
20	四川大巴山国家地质公园	推覆褶皱构造景观,生物礁滩相深层碳酸盐岩沉积建造,岩溶地貌景观	土家民俗风情,红军文化
21	四川光雾山-诺水河国家地质公园	岩溶地貌(地下溶洞和洞穴沉积物,地表的石林、峰丛、孤峰、溶蚀洼地、漏斗、落水洞、岩溶峡谷等)	红军文化,革命遗址
22	湖南湄江国家地质公园	低山岩溶地貌	古建筑,摩崖石刻碑刻
23	湖南乌龙山国家地质公园	岩溶地貌景观(石林、溶洞、峡谷、天坑),水体景观	剿匪旧址,苗族风情
24	甘肃和政古生物化石国家地质公园	古生物化石	和政秧歌
25	甘肃天水麦积山国家地质公园	丹凤群蛇绿岩地貌,丹霞地貌,花岗岩峰林地貌	麦积山石窟,石雕和壁画,崖阁
26	广西大化七百弄国家地质公园	岩溶高峰丛深洼地,岩溶洞穴,谷地和水体景观	瑶族风情
27	广西桂平国家地质公园	火山地貌,岩溶地貌	太平天国起义遗址
28	江苏江宁汤山方山国家地质公园	古生物化石群,地层剖面,温泉,火山地貌景观	猿人洞,定林寺
29	重庆万盛国家地质公园	岩溶石林地貌,喀斯特峡谷地貌,水体景观	红苗文化,僚人崖墓,宋墓,石寨
30	重庆綦江木化石-恐龙国家地质公园	木化石群,恐龙化石,丹霞地貌景观	红色文化,綦江农民版画
31	西藏羊八井国家地质公园	地热温泉	羊八井寺
32	陕西商南金丝峡国家地质公园	岩溶峡谷地貌,多级瀑布水体景观	道教文化

序号	国家地质公园名称	主要地质特征、地质遗迹保护对象	主要人文景观
33	陕西岚皋南宫山国家地质公园	古冰川及火山遗址	佛教圣地,南宫观
34	河北兴隆国家地质公园	蛇绿岩出露地,岩溶洞穴,第四纪冰川遗迹	天文台,明长城,明代摩崖石刻
35	河北迁安-迁西国家地质公园	构造遗迹,岩溶景观,太古地貌	古人类遗址,商周文化
36	北京密云云蒙山国家地质公园	变质核杂岩构造和雄伟的花岗岩地貌景观	
37	北京平谷黄松峪国家地质公园	砂岩峰丛、峰林地貌、古火山遗迹岩溶洞穴	古长城,革命战争遗迹
38	广东阳山国家地质公园	岩溶地貌,花岗岩地貌,构造遗迹,水体景观	古人类生活遗址,摩崖石刻,古建筑
39	河南小秦岭国家地质公园	构造遗迹,花岗岩奇峰地貌景观,黄河阶地,黄土台塬地貌	采金遗迹,函谷关,黄帝铸鼎塬
40	河南红旗渠·林虑山国家地质公园	峡谷地貌,水体景观	地质工程红旗渠景观
41	青海贵德国家地质公园	丹霞地貌,黄河谷地	黄河奇石苑
42	山西陵川王莽岭国家地质公园	岩溶峰丛地貌,地下岩溶,峡谷地貌,硅化木化石	围棋故乡,陵川文化,白陉古道,七十二拐
43	山西大同火山群国家地质公园	火山地貌	塞外帝都,中国煤都
44	黑龙江伊春小兴安岭花岗岩石林国家地质公园	花岗岩石林(峰林、峰丛、孤峰)	木雕园,金山屯横山古墓群、古人类文化遗址

表 2－7　第六批(2011 年 11 月)中国国家地质公园

序号	公园名称	主要地质特征、地质遗迹保护对象	主要人文景观
1	云南罗平生物群国家地质公园	古生物化石,岩溶景观	布依民族风情
2	河南尧山国家地质公园	花岗岩地貌,水体景观,温泉	尧文化,墨子故里
3	河南汝阳恐龙国家地质公园	恐龙化石群古生物景观,花岗岩地貌	仰韶文化,龙山文化
4	山东莱阳白垩纪国家地质公园	白垩纪地质剖面,恐龙化石群,莱阳古生物群	于家店遗址
5	新疆吐鲁番火焰山国家地质公园	土林、峡谷、丹霞地貌及泉类、水体类地质遗迹景观	交河故城,高昌故城,西游文化长廊
6	甘肃张掖丹霞国家地质公园	丹霞地貌	木塔寺,镇远楼,山丹军马场,黑水国遗址
7	新疆温宿盐丘国家地质公园	峡谷,盐丘,岩盐喀斯特地貌,奇特象形石	维吾尔族风情
8	山东沂源鲁山地质公园	溶洞群	沂源猿人
9	云南泸西阿庐国家地质公园	地下岩溶和水体景观	阿庐文化
10	广西宜州水上石林国家地质公园	水上石林,岩溶洞穴,水体景观	刘三姐的故乡
11	甘肃炳灵丹霞地貌国家地质公园	丹霞地貌	炳灵寺石窟
12	湖北五峰国家地质公园	岩溶地貌,水体景观	土家文化
13	山西平顺天脊山国家地质公园	峡谷地貌,水体景观	古人类遗址,革命文物
14	贵州赤水丹霞国家地质公园	丹霞地貌	革命历史遗址
15	青海省青海湖国家地质公园	内陆湖泊	藏族牧民风情

序号	国家地质公园名称	主要地质特征、地质遗迹保护对象	主要人文景观
16	河北承德丹霞地貌国家地质公园	丹霞地貌	红山文化遗址,古建筑
17	河北邢台峡谷群国家地质公园	花岗岩丹霞地貌,岩溶地貌	黄巢营寨,革命圣地
18	陕西柞水溶洞国家地质公园	溶洞,峡谷,瀑布,古生物化石	徽派建筑民居群
19	吉林抚松国家地质公园	火山地貌,岩溶地貌,温泉,矿泉	革命遗址,冰雪文化
20	福建平和灵通山国家地质公园	峰丛地貌(峰、柱、崖壁、峡谷、洞穴、洞穴、瀑布等)	千年古刹
21	山西永和黄河蛇曲国家地质公园	河谷阶地峡谷地貌	黄河文化
22	内蒙古巴彦淖尔国家地质公园	花岗岩石林,恐龙化石,沙漠景观	古长城,大漠风情
23	湖南平江石牛寨国家地质公园	丹霞地貌,花岗岩地貌,河流景观	石牛寨古堡
24	重阳酉阳国家地质公园	岩溶峰丛峡谷地貌,地下岩溶洞穴	龚滩千年古镇和楠木
25	内蒙古鄂尔多斯国家地质公园	动物群化石	"河套人"文化遗址
26	四川青川地震遗迹国家地质公园	地震遗址群	
27	福建政和佛子山国家地质公园	火山碎屑岩地貌,流水地貌	古寺院,古战场
28	安徽广德太极洞国家地质公园	岩溶地貌景观	卧龙桥,将军台
29	湖北咸宁九宫山-温泉国家地质公园	冰川地貌,高山湖泊,温泉	闯王陵,道教名山
30	黑龙江凤凰山国家地质公园	花岗岩地貌,水体景观,冰川遗迹	关东民俗,冰雪文化

序号	国家地质公园名称	主要地质特征、地质遗迹保护对象	主要人文景观
31	陕西耀州照金丹霞国家地质公园	丹霞地貌，山地峡谷地貌	红军革命根据地旧址，香山寺佛教文化
32	广西浦北五皇山国家地质公园	花岗岩石蛋地貌	民俗"跳岭头"
33	四川绵竹清平－汉旺国家地质公园	地震工业遗址	
34	安徽丫山国家地质公园	岩溶地貌	牡丹之乡
35	青海玛沁阿尼玛卿山国家地质公园	冰川地貌	黄河源头，神山传说
36	湖南浏阳大围山国家地质公园	第四纪山谷冰川遗迹	玉泉寺

四、我国地质公园的特点

(一)相对集中于三个地势阶梯地带

中国三个地势阶梯地带是中国地质构造活动十分剧烈的地带，集中反映了构造运动的剧烈性和复杂性，并且清晰地保留着多次地质构造的演变痕迹。除此之外，火山、地震等多种地质活动频繁发生于此，这就形成了既典型又奇特的地质遗迹景观，因此我国的地质公园多分布于此。如第一阶梯地带集中分布有甘肃刘家峡恐龙国家地质公园、四川龙门山构造地质国家地质公园、四川安县生物礁国家地质公园、四川大渡河峡谷国家地质公园、四川海螺沟国家地质公园、云南腾冲火山国家地质公园等。第二阶梯地带集中分布有内蒙古克什克腾地质公园、北京延庆硅化木国家地质公园、河北涞源白石山国家地质公园、河北阜平天生桥国家地质公园、河南焦作云台山国家地质公园、河南内乡宝天幔国家地质公园、黄河壶口瀑布国家地质公园、湖南张家界砂岩峰林国家地质公园等。第三阶梯地带集中分布有河北秦皇岛柳江国家地质公园、浙江临海国家地质公园、福建漳州滨海火山地貌国家地质公园、广东湛江湖光岩国家地质公园等。

这三个阶梯地带是中国地质构造活动较大、地形变化十分剧烈的地带，其自身展示出的地学特色相当稀奇。比如，第一阶梯带的龙门山的巨大推覆，四川大渡河峡谷河水澎湃，云南腾冲火山热泉喷涌，无不因地球的神奇威力而使人怦然心动。

第二阶梯带的太行山、武陵山的雄伟,山前断层差异升降强烈的丹崖长墙傲视平川,悬泉瀑布飞泻直下,动人心弦。第三阶梯带环太平洋火山带十分壮观,不同地段特色各异,或突兀于丘陵,或耸峙于海岸,令人陶醉。同时,在这些阶梯地带及其两侧,因地壳运动的差异揭示出不少地壳演化历史的奥秘,如河南内乡宝天幔、河北涞源白石山、河南焦作云台山、河北阜平天生桥都有代表地壳早期演化历史的珍贵记录,被抬升到地表成为供人们解读的"地史书籍";湖南张家界、内蒙古克什克腾地质构造活动改变着当地的地质景观,沧海桑田,鬼斧神工,不断化平淡为神奇,塑造出赏心悦目的峻岭山川,造就了不少美轮美奂的风景名胜,这正是由活跃的内外地质营力所塑造。

(二)景观影响力参差不齐

从目前被批准的国家级地质公园来看,有的具有重大的科研价值,有的具有特殊的审美价值,有的具有重要的生态意义,有的具有疗养价值,有的同时具有以上几种价值和意义。

根据目前申报和获批准的国家地质公园分析,这些国家地质公园可以分为三类。

第一类国家地质公园具有国家级甚至世界级的实力和知名度。如安徽黄山世界地质公园、湖南张家界砂岩峰林世界地质公园、江西庐山世界地质公园、云南石林世界地质公园等,它们具有很强的实力和很高的知名度。申报国家地质公园只能算是锦上添花,即使不被批准为国家地质公园,对它们也没有太大的影响。这些国家地质公园在国人乃至世界人民心中都享有很高的知名度,每年来此观光旅游的人络绎不绝,并且这些地质公园的地质遗迹资源都得到了很好的保护,同时,它们也是著名的休闲旅游胜地。

第二类国家地质公园实力雄厚或潜力巨大,但知名度较低。这类国家地质公园园区内有较好的自然景观,典型而奇特的地质遗迹,甚至有独特而浓厚的人文景观等丰富的旅游资源,但与第一类国家地质公园相比,知名度明显较低。对于这类国家地质公园,应积极组织申报并给予批准。只有这样,这类国家地质公园的旅游资源才能积极有序地开发利用,才能更有效地保护地质遗迹资源,才能带动当地的经济发展,促进经济、文化和环境的可持续发展。

第三类国家地质公园具有独特的地质遗迹和一定的国际知名度,但是缺乏丰富的旅游景观。如具有典型而独特地层的国家地质公园:浙江常山国家地质公园、陕西洛川黄土国家地质公园和河北秦皇岛柳江国家地质公园等;具有典型的古生物化石的国家地质公园:山东山旺国家地质公园、安徽淮南八公山国家地质公园、北京延庆硅化木国家地质公园、黑龙江嘉荫恐龙国家地质公园等。虽然这些地质遗迹在全国范围内比较独特和稀缺,且具有一定的国际知名度,但是因为缺乏美学价值,对普通游客没有吸引力,因此产生的经济效益非常有限。

因此，在申报和批准国家地质公园时，应该把好关，要特别注意区分地质遗迹和地质公园的概念、内涵、标准和意义，尽可能地申报和审批属于第二类的国家地质公园。这一类国家地质公园的建立，不仅能够使地质遗迹得到保护和开发，使环境得到保护，而且可提高当地的知名度，吸引更多的游客，使地方经济得到更好的发展，符合可持续发展的战略目标。只有这样，人们心目中才能真正树立起国家地质公园的形象，国家地质公园品牌的最大乘数效应才能得到发挥。也只有这类国家地质公园才能真正融于旅游产业中，成为旅游业蓬勃发展的生力军，成为加速地方旅游业发展的催化剂。

（三）自然和人文景观的复合体

1.地质遗迹和人文景观丰富

不同的地质环境和地质成因形成了种类繁多的地质遗迹，再加上人类活动所形成的人文景观，使我国绝大多数地质公园内容丰富。如张家界原来是一片汪洋大海，因陆地板块的碰撞挤压，使海底向上隆起，又经过亿万年的地质作用，造就了今天融峰、林、洞、湖、瀑于一身，集奇、秀、幽、野、险为一体的景观。张家界国家地质公园除具有砂岩峰林地貌与石灰岩溶地貌之外，还拥有奇峰、幽谷、怪石、秀山等壮丽景观，被人们称为"地球纪念物""植物基因库""中国山水画的原本""天下第一奇山""扩大了的盆景，缩小了的仙境"。

2.类型相同但内容也不尽相同

在我国的地质公园之中，有许多地质公园类型相同但成因不同，所形成的地质遗迹的内容也不尽相同。以火山类型为例，它们类型相同，但亦有区别。从年代来看，有的是中生代的火山（浙江临海），有的是现代火山（云南腾冲）；从结果来看，黑龙江五大连池有5个美丽的串珠状的火山喷发形成的堰塞湖，而福建漳州却没有这种湖，但却有雄伟的火山口；从形状来看，五大连池有火山喷发形成的气势宏大的玄武岩柱状节理，而在福建漳州与浙江临海看到的却截然不同；从地质背景来看，浙江临海为沿海，云南腾冲基本在内陆。

3.国家地质公园都有着丰富的人文景观

地质遗迹与人文景观密切相关，地质景观深深烙下人文气息，人文景观以地质遗迹为物质基础。如道教名山江西龙虎山与著名古典小说《西游记》以及道教创始者张天师有着密切关系，还有悬棺之谜；福建大金湖有保留十分完好的明朝兵部尚书李春烨的府第（称为尚书府第），还有利用岩洞建设的寺庙奇观甘露岩寺；河南内乡有我国保存最为完整的县衙——内乡县衙。

第三节　地质遗迹资源的保护

国际上,国家公园已经有相当的规模,它们是保护地质遗迹资源体系的重要组成部分。同时,以美国、澳大利亚为代表的大体量荒野型国家公园,以英国、法国为代表的中体量半乡村型国家公园和以日本、泰国为代表的小体量自然文化复合型国家公园在生态保护与旅游开发的平衡方面都做了有益的探索。中国地学旅游界先驱陈安泽先生曾指出,地质公园是以保护地质遗迹,开展科学旅游,普及地学知识,促进地方经济、文化和自然环境可持续发展为宗旨而建立的自然公园,是对地质遗迹资源较好的保护方式。随着国家经济的发展,政府与公众对环境重视程度的提高,与保护自然资源相关法律法规的逐渐完善,地质遗迹资源得到了更好的保护。

一、美国地质遗迹资源的保护与管理

19 世纪美国和加拿大就提出了"公园"的概念,保护自然遗产免于自然和人为的破坏。美国通过成立国家公园(National Park)来保护地质景观和自然环境,现已有国家公园 380 多个,其中 160 个有重要地质意义,140 多个分布有重要化石,66 个有海岸带地质景观区,75 个有岩溶洞穴系统,49 个有火山活动遗迹,24 个有地热活动。经过 100 多年的发展建设,美国在国家公园管理体制和管理方法等方面有着十分科学务实的机构和详细的管理细则,建立了国家、州或地方政府的管理方法和管理体制,这一科学务实的管理体系目前已为世界各国所接受并成为自然保护区管理的典范。

(一)美国国家公园体系概述

1872 年,美国建立了世界上第一个国家公园——黄石国家公园,并以法律的形式明确规定国家公园是全体美国人民所有的,同时由联邦政府直接管辖,保证"完整无损"地留给后代,永续享用。美国国家公园体系经过一百多年的实践与发展,经历了萌芽(1832—1916 年)、成型(1916—1933 年)、发展(1933—1940 年)、停滞与再发展(1940—1963 年)、注重生态保护(1963—1985 年)、教育拓展与合作(1985年以后)六个阶段,形成了由相应法律法规和管理体制所构成的国家公园体系。

美国的国家公园与国家公园体系是相互联系的两个概念。国家公园是指面积较大的自然地区,自然资源丰富,有些也包括历史遗迹,禁止狩猎、采矿和其他资源耗费型的活动。国家公园体系则是指由美国内政部国家公园局管理的陆地或水域,国家公园仅是国家公园体系的一种类型。

截至 2020 年 1 月,美国一共有 62 座国家公园,分布在 30 个州,包括美属萨摩亚和美属维尔京群岛。其中,加利福尼亚州以 9 个国家公园居首,阿拉斯加州以 8

个紧随其后,接下来是犹他州(5 个)、亚利桑那州和科罗拉多州(均为 4 个)。最大的国家公园为兰格尔-圣伊莱亚斯国家公园,面积达 8323147.59 英亩(33682.6 平方千米),最小的为温泉国家公园,面积为 5549.75 英亩(22.5 平方千米)。国家公园总保护面积为 210000 平方千米,其中有 14 个国家公园被列入世界遗产。除了国家公园以外,还设有州立公园,其设立的主要目的是为当地居民提供休闲度假场所。

(二)国家公园的管理

1. 集中统一的管理体制

美国国家公园的管理模式以中央集权为主,实行国家管理、地区管理和基层管理的三级垂直领导体系,并辅以其他部门合作和民间机构的协助,其最高行政机构为内务部下属的国家公园管理局,负责全国国家公园的管理、监督、政策制定等。美国全国设立 7 个地区局,并下设 16 个支持系统,同时按资源类型与特色将公园划分成公园组,以便进行分类管理。以"管家"自居的国家公园管理机构,负责公园内的资源保护、参观、教育、科研等项目的开展及特许经营管理。

2. 保护第一的管理原则

美国国家公园的管理原则是保护第一。美国国家公园的修建目的主要有两方面,一是自然资源保护,二是公众游乐。自然资源保护是国家公园成立的首要目的。美国国家公园管理局通过经验与教训的总结,最终确立了较为完善的自然资源保护与游览相协调的四点方案,包括:①不允许建索道与娱乐设施;②尽量完善公路网,尽量避免修建道路,造成生态环境破坏要采取补救措施;③国家公园食宿设施实行特许经营权制度;④对游客实行环境容量管理。

3. 经营管理

(1)对从业人员的管理。公园的管理人员都由总局直接任命,统一调配。职员都要求有本科以上学历,而且必须经过上岗培训,要求掌握国家历史、游客心理学、自然景观资源和人文景观资源的保护、生态学、考古学、法学、导游甚至救生知识等。

(2)对门票的管理。国家公园的经费来源于国家拨款,国家公园严格限制门票的征收,现行的门票价相当低廉。美国国家公园管理局不允许下达创收经济指标,这一方面是基于美国的经济实力,另一方面也是堵住公园乱搞开发项目以谋取收入的借口。

(3)对公园食宿设施的管理。国家公园食宿设施实行特许经营权制度,在经营机制上,首先明确了公园资源经营权的界限,仅仅限于副业,提供后勤服务及旅游纪念品,同时经营者在经营规模、经营质量、价格水平等方面必须接受管理者的监管。美国国家公园虽由国家公园管理局进行日常管理,但国家公园的管理者更多是将自己定位于"管家"或"保姆"的角色,而不是业主的角色。国家公园作为非营利机构,专注于自然环境和文化遗产的保护与管理,其日常开支由联邦政府拨款。国家公园的食宿设施则公开向社会进行招标,使国家公园管理局与旅游企业实现所有权与经营权分离,无任何经济利益牵扯,从而更加有利于国家公园管理局对经营商的监控。这样,做到了管理者和经营者的分离,避免了重经济效益、轻资源保护的倾向,并有利于筹集管理经费,提高服务效率和服务水平。

(三)国家公园的规划体系

美国国家公园规划体系一般来说包括总体管理规划、战略规划、实施规划以及报告四个阶段,其均由内政部国家公园管理局丹佛规划设计中心统一编制。丹佛规划设计中心的职员包括风景园林、生态、生物、地质、水文、气象等各方面的专家学者,还有经济学家、社会学家、人类学家。美国国家公园的设计、监理,均由丹佛规划设计中心全权负责,以确保规划实施的整体质量。规划设计在上报以前,首先向地方及州的当地居民广泛征求意见,否则参议院不予讨论。事前监督与事后执行相呼应,体现出其管理体系的周密与协调,规划设计的科学性与公开性。

1. 规划编制的原则

(1)理性决策。国家公园管理局通过规划将理性、责任制度纳入决策过程之中。公园规划和决策,包括从广泛的公众和个人参与到年度工作分配以及评估。每个公园都应该能够做到,如何根据理性和可操作的原则决策,使公园决策者、员工和公众相互联系,意见统一在一起。

(2)科学、技术和研究分析。公园资源的利用和处置将建立在充分的科学技术和研究分析的基础上。分析将是多学科的,从公园作为整体(包括全球、国家、区域的内容)到具体的细节。规划和决策的关键在于公园管理将提出多种理性的选择,分析和比较它们在与公众目标一致性、游客体验的质量、对公园资源的影响、近期和长期投资以及可能扩大到公园边界以外的环境影响等方面的不同情况。

(3)公众参与。规划和决策过程中的公众参与,将保证公园管理机构充分理解和考虑公众对公园的兴趣,因为公园是与他们密切相关的国家遗产、文化传统和社区环境的重要组成部分。管理机构将积极寻求并咨询已有和潜在的游客、近邻和与公园土地有传统文化联系的人、科学家和学者、特许经营者、合作团体、进出口通道附近社区、其他合作伙伴和政府机构等,管理机构将与他们协同工作,改善公园的条件,强化对公众的服务,使公园融入生态、文化和社会经济可持续发展之中。

(4)目标调整。出于逐步和充分行使公园管理职能的需要,管理人员将有责任确定和实施可量化的长期目标和近期目标。规划作为国家公园管理局实施管理系统的关键和基础部分,可用于改进管理实施和结果。公园工作人员将监测资源条件、游客体验、规划、实施途径及实施报告。如果目标得不到实现,管理人员就要找出原因,并采取适当的行动。总体目标将分阶段地进行评估,充分考虑新的知识和有远见的因素,然后,规划系统在适当的地方进行修改。

2.规划的主要内容

每个公园的规划框架应包括以下内容:

(1)公园的功能、范围和目标。

(2)具体的管理工作。具体的管理工作将在公园总体管理规划中描述,并满足其他资源管理的要求(如与空气质量相关的工作,尽管它不在公园内发生)以及特殊地质地带的管理要求。这些管理工作将包括:①清楚地确定或要求自然和文化资源条件实现或保持的时间;②确定开发活动的种类和层次。

(3)明确的、可量化的公园战略规划的长期目标。

(4)如果需要,可以通过补充规划确定补充的项目和细节,包括需要什么样的行动来实现公园功能和长期目标,以及特别的运作方案。

(5)与年度目标和年度工作规划相一致,并指导一个财政年度工作的实施规划。

3.规划程序

美国国家公园规划体系的规划程序依次从大尺度的总体管理规划,到更具体的战略规划、实施规划以及公园年度工作规划和报告。

(1)总体管理规划。公园总体管理规划关注为什么建立公园,在规划实施期间,什么样的管理内容(如资源条件、游客利用方式和合适的各种管理行动)应该完成。总体管理规划的目的要保证公园对资源保护和游客利用有一个明确的方向。总体管理规划是用于决策的基本工作,由多学科的工作组经咨询管理局内部的有关人员、其他联邦和州机构、其他团体和公众完成。总体管理规划依据所有有价值的科学信息、游客利用方式、环境影响和与各种行动相关的费用等因素。

公园总体管理规划是一个长期的过程,当它涉及建立自然和文化框架时,可能要持续很多年,这个规划将考虑公园的生态、景观和文化等资源作为国家公园系统的一个单位和大的区域环境的一个部分。公园总体管理规划还将为所有不同的公园和整个地区建立一个共同的目标。这种结合将有助于避免在一个地区解决问题的同时,在另一个地区出现同样的问题。

总体管理规划将按照要求准备一份环境影响报告书,并按照环境评估程序通知公众关于受环境影响的财产。公园总体管理规划将纳入区域协调规划和生态系统规划。国家公园管理局参与到区域协调规划之中,以较好地了解和关注不同利益团体的独立性和要求,了解他们的权力和利益。根据需要,总体管理规划将重新审议、修订或修改,或者暂时保留规划,并开始编制新的规划。总体管理规划每10～15年修改一次,如果条件突然发生变化,这个时间会缩短。

(2)战略规划。一个公园的战略规划将依据公园功能和目标、公园总体管理规划来制定,同时满足公园系统和地方的要求,并由公园园长和地区分局局长通过。与总体管理规划相比,战略规划是更短期的框架,具有量化性的指标和结果,其内容包括:

①公园功能说明;

②公园的目标(与公园总体管理规划的规定相同);

③长期目标;

④实现这些目标的近期内容;

⑤年度目标与长期目标的关系;

⑥可能影响实现这些目标的主要外部因素;

⑦用以建立和调整目标的计划和实施评估以及评估时间表;

⑧向法律顾问和其他有关专家咨询的内容清单;

⑨编制规划的人员。

(3)实施规划。实施规划是针对总体管理规划确定的管理内容和战略规划进一步确定的长期目标的具体实施行动和项目。针对复杂的、技术的以及有争议的问题制订行动计划,经常要求有大量的细节和在总体管理规划和战略规划阶段之后进行的分析。实施规划就是要提供这些细节和分析,主要涉及两方面的因素:

①实施计划将确定实施公园管理内容和长期目标所需项目的规模、结果以及投资预算;

②实施项目将集中在实施战略规划目标所需的特殊技术、原则、设备、结构、时间和资金渠道等方面。

实施规划的编制,由技术专家组在公园或地区分局的项目负责人的指导下进行,并报公园园长通过。同时要做环境评估,针对可能对人类环境产生影响的行动的任何决策,都需要依据国家环境政策法案、国家历史保护政策和相关法律进行正式的方案评估。

(4)公园年度工作规划和报告。每个公园都要编制年度规划,明确每个财政年度的目标和包含实施这些目标程序的年度工作报告。年度工作规划和报告的编制将与国家公园管理局的预算编制同时进行。年度工作规划包括以下两个方面:

①依据公园目标和公园长期目标制定的每年增长量的年度目标;

②列出实现年度目标的各项工作、预算和人工的工作规划。

年度工作规划将包括预算和人工因素,后一年的年度预算的编制将考虑预算的衔接并依据总统批准公布的预算考虑优先项目的因素。

年度工作报告由两个部分组成：一是上一个财政年度预算执行情况的报告；二是本财政年度工作规划的评估报告。公园年度报告将与整个公园系统的年度报告发生联系，如果需要，个体公园的结果将纳入公园系统的报告。年度工作报告是将工作完成情况汇报给国会，以便国会考虑管理机构的年度预算和年度工作规划。

（四）国家公园的利用

1. 游客对公园的利用

让人民享受公园资源和价值，是美国所有公园的一个基本宗旨。然而，公众所喜欢的许多娱乐形式并不需要以国家公园为背景，而是更适合在其他地方进行。为促进人们对公园的利用，美国国家公园管理局鼓励公园开展如下活动：①符合建园宗旨的活动；②具有启发性、教育性或保健性的活动，以及在其他方面符合公园环境的活动；③促进对公园资源和价值的理解与欣赏的活动，或通过与公园资源的结合、互动或联系促进对公园资源的享受的活动；④可持续进行但又不会给公园资源或价值造成不可接受的影响的活动。

2. 美洲土著人的利用

国家公园管理局在制订和实施各种计划时，应了解和尊重美洲土著人部落或祖祖辈辈与公园特定资源具有真正联系的群体的文化。国家公园管理局应定期和积极地同相互具有传统联系的美洲土著人就影响其生计活动、圣物圣址或与其有关的其他民族资源的规划、管理和业务决策进行协商。

3. 公园的特殊用途

公园特殊用途是指一种发生在公园区域的短期活动，如体育、庆典、赛舟会、吸引公众的活动、娱乐活动、各种仪式和露营活动、食品和商品的出售、集会、示威抗议活动、宗教活动、发放传单、各种设施和道路的通行权、照片拍摄、农业利用、家畜和野畜的饲养与利用、军事行动、矿产开发、天然产品的采集、自然与文化资源的研究活动等，它包括以下特点：

①惠及的是某个个人、群体或组织而不是全体公众；

②需要得到管理局的书面授权和一定程度的管理控制，以保护公园和公众利益；

③不受法律或条款的禁止；

④不是由管理局发起、资助或开展的；

⑤不是根据租让合同进行管理的。

二、欧洲地质公园的管理

(一)科普——形成欧洲地质公园网络的理念驱动

英国、法国、德国、西班牙、意大利在保护文化遗产方面起步较早,在保护自然遗产和地质遗产方面做得比较好。

在欧盟的支持下,欧洲地质公园网络于2000年成立,这一网络的形成正是欧洲地学界长期以来所倡导的"在欧洲地域之间开展合作,以保护和保育地质遗产,实现地质遗产持续用于科研、科普教育和旅游活动,并从中得到价值的体现"理念的实践。科普是形成欧洲地质公园网络的理念驱动,也是得到地质公园资助的重要依据。毋庸置疑,科普活动一直是欧洲地质公园关注和运作的重点,科普是建设欧洲地质公园的必要元素,科普是欧洲地质公园网络会议与活动的重要组成,科普是实现欧洲地质公园价值的有效手段。

(二)欧洲地质公园科普活动的特点

欧洲地质公园网络为科普工作开展各类活动、制作各类科普产品,以及开展其他一些非物质性的投入性工作。欧洲地质公园科普活动的特点如下:

1.研制教学工具,编制出版物,解释与交流地球遗产

欧洲地质公园网络的大部分成员都有自己的科普工具和出版物,并根据各自特征制作一些主题教学套件,同时出版宣传页、海报、邮票、日历和明信片等,对地质公园及其活动进行宣传推广。这些科普工具、宣传品和出版物一般都有不同的语言版本,以满足不同语种的游客使用。同时,这些科普工具、宣传品和出版物在地质公园网络内的成员之间可以共享或交换使用。另外,欧洲地质公园网络成员注重针对不同的人群开发不同的科普教材。例如,为了让学龄前的儿童熟悉欧洲地质历史,特别为孩子们编制了儿童读物,以卡通图画的形式阐释可以在地质公园中看到的地质构造和形成过程;为中小学校的教师编制特别指南,指导教师如何教授地质学知识,以便学生了解地质形成过程;为中小学各年级学生编制特殊的工作手册,让读者了解地球历史。

2.设立游客信息站点,开办地学课堂,传递地学信息

欧洲地质公园网络的每个地质公园都设有游客信息站点,向游客展示化石模型、书籍、宣传页、博物馆配套产品等各种产品,宣传地质公园的科普活动与计划。同时,介绍欧洲地质公园网络及其成员开展的地质遗迹保护与宣传联合行动,以及各地质公园可能开展的地质旅游活动。这些信息的传递使人们在游览过程中提高了对地质遗迹的了解。同时,很多欧洲地质公园设立了职业培训中心,以满足公园科普工作的开展。还有一些地质公园因地制宜地在公园内设置野外实地课程,为在地质公园工作的科学家、技术人员和管理人员以及当地企业(旅行社、户外活动

运营商、小型旅馆、合作社、手工艺组织等)开办一系列特殊课程,希望能够提高对地质公园的保护。

3.与学校建立联系,开展科普活动,普及地学知识

欧洲地质公园网络与学校合作,以加深老师和学生对地质公园及地质遗迹的认识。大部分成员与学校建立了直接的联系,发起倡议以帮助年轻一代更好地了解自己所在的地域。同时,地质公园的工作人员在周边地区的中小学中举办科普活动,与学校一起制定不同科普主题的实地考察活动,帮助学校准备具体的活动事宜(如住宿、用餐、交通等),并针对活动参与班级的老师开设培训课程。这些活动加强了学生和老师对本地地质公园的热爱。

4.借助网络和视频等媒体,制作地学科普节目,宣传地质遗迹的价值和对古生物特征的认识,宣传地质公园和地质遗迹

欧洲地质公园网络通过网站、电视、无线电等多种传播媒体向大众宣传对地质遗迹的保护和保育,扩大地质公园的影响力。在欧洲,地质公园网站已经成为科普宣传的一个重要阵地。虽然每个公园网站的架构和风格各不相同,但在内容上都包括"科普"或"地质科普"栏目,且作为一级栏目设置在网站主页上。有些公园还针对少儿、中小学生,在"科普栏目"下设置"儿童科普"频道。

三、澳大利亚国家公园管理

澳大利亚是世界上建立国家公园较早的国家之一。早在1863年,在塔斯玛尼亚通过了第一个保护区法律。基于认识到保存自然历史遗产的需要,澳大利亚建立了国家公园制度。1879年,澳大利亚将悉尼以南35千米的王室土地开辟为保护区域,建立了皇家国家公园,这是当时世界上继美国黄石国家公园之后的第二个国家公园。

澳大利亚是联邦制国家,各州(地区)均有立法权,都设有自然保护机构。国家公园和保护区的建立,不仅以法律形式有效地保护了天然林,而且推动了生态旅游业的迅速发展,使之一跃成为澳大利亚增幅最大的支柱产业。目前,生态旅游所提供的就业机会占澳大利亚全国总就业机会的12%,每年创造的经济效益达400亿澳元。开展生态旅游是国家公园和自然保护区的主要活动,公园管理人员的主要职责之一就是管理游客。澳大利亚联邦政府已经制定了全国生态旅游发展规划,州政府是旅游设施建设的主要投资者。澳大利亚国家公园的经营管理特点主要体现在以下几个方面。

1.重视自然保护,旨在社会公益

澳大利亚国家公园的主要作用和功能是保护自然。澳大利亚建立了自然遗产保护信托基金制度,用于资助减轻植被损失和修复土地。在澳大利亚,国家公园事

业被纳入社会范畴,每年国家投入大量资金建设国家公园,不以营利为目的。国家公园范围内的一切设施,包括道路、野营地、游步道和游客中心等均由政府投资建设。

2. 与经营权相分离的经营方式

国家公园采取所有权与经营权相分离的经营方式,由企业或个人经营,国家公园局进行监督、管理。澳大利亚维多利亚州国家公园局规定,凡是具备公共责任险(投保 1000 万澳元以上)、拥有急救设施条件的企业和个人可取得在国家公园内经营某项活动或景点 12 个月的经营权,若想取得更长时间的经营权,需符合更严格的条件和标准,且由国家公园局负责核定和发放经营许可证。澳大利亚采取所有权与经营权相分离的方式,国家公园局的职责主要是执法、制定国家公园管理计划、负责国家公园基础设施建设和对外宣传、监督经营承包商的各种经营活动等,经营承包商的职责是在不违背"合约"的前提下改进服务、加强管理、提高效益,两者相辅相成,共同为保护自然工作、为游人服务。

3. 建立完备的法律法规体系,保证国家公园的保护和合理利用

澳大利亚联邦和各州先后颁布了多部国家公园方面的法律和法规,其国家公园管理法律条文详细而可行。各级行政主管部门能严格执行这些法律法规,许多科学机构和团体协助政府主管部门在国家公园立法和执法方面做了许多参与和促进工作。

4. 开展宣传教育,倡导生态旅游

澳大利亚在全国范围内普遍推行自然和生态旅游证书制度。这种认证制度根据不同情况,将所开展的旅游分为 3 种类型,即自然旅游、生态旅游和高级生态旅游,是世界首创。目前,澳大利亚已有 237 种(处)旅游产品、旅游设施被授予证书。同时,澳大利亚也在国家公园内开展宣传教育活动。例如,澳大利亚弗雷泽国家公园接待处专门配备电脑供游人随时查阅资料和欣赏美景;每一处宾馆大堂均有当地国家公园的免费宣传品;在旅游活动时,游人可亲自动手抓鱼饵,体验自然,了解自然。这些宣传教育活动使资源保护和防止污染成为公众的自觉行为。

四、加拿大国家公园管理

加拿大是世界上国土面积第二大的国家,自然生态系统类型多样,拥有森林、草原、冻原、沼泽等多种陆地生态系统。其领土的东部、西部和北部分别为大西洋、太平洋和北冰洋。自 1885 年建立第一个国家公园以来,目前加拿大已有 39 个国家公园(国家公园保护区),分布在全国 10 个省和 3 个地区,这些国家公园的总面积达 303571 平方千米,约占全国国土面积的 3%。加拿大建立国家公园旨在保护这些独一无二的生态系统。

（一）管理机构的使命与义务

在加拿大，各类国家保护地的管理与保护工作都是由加拿大公园局来操作和组织的。在加拿大公园局的组织章程中，其使命是这样定义的：一切从加拿大人民的利益出发，组织的使命是要保护和呈现在加拿大的自然和历史遗产中意义重大的范例，通过为现在和将来的世世代代确保这些遗产的生态完整性和纪念完整性来培养公众对于这些遗产的理解、欣赏和享用。

加拿大公园局在保护地的管理工作中所要扮演的角色并不仅仅是保护者，是多元化的角色，共有四种：保护者、指引者、合作者和讲述者。保护者是指担任着全加拿大的国家公园、国家历史遗留地和海洋保护区的保护工作；指引者是指担任着让游客能充分地探索、认识、享受着加拿大的神奇土地并获得游憩体验的责任；合作者是指建立在当地的原住民的丰富的传统、当地多样文化的强大力量和当地对国际共同体所应该承担的义务的基础上的；讲述者是指向所有人讲述加拿大故事的组织。

加拿大公园局的章程明确其有四个主要方面的义务：一是对各类保护地进行保护，尤其优先保护加拿大自身独特的自然和历史遗产地；二是展现自然界的美丽与独特性，同时对形成这样的一个独特国家的人民的毅力和独创性进行编录；三是赞扬那些热情的和充满想象力的加拿大人们；四是服务于全加拿大人。

（二）公园的建立与管理

加拿大的公园分为四个级别，即国家级、省级、地区级和市级。1971 年通过的国家公园系统规划给国家公园的选址提供了依据。在加拿大，规划和建立新的国家公园是一个非常复杂的过程，可以概括为以下五步：一是确定在加拿大具有重要性的自然区域；二是选择潜在的公园；三是评估公园的可行性；四是商讨一个新的公园协议；五是依法建立一个新的公园。确定具有重要性的自然区域主要涉及两个标准：一是这一区域必须在野生动物、地质、植被和地形方面具有区域代表性；二是人类影响应该最小。同时，国家公园的大小要充分考虑到野生动物活动的范围。加拿大国家公园的管理体现在以下四个方面。

1. 立法和行政管理

在加拿大，公园的管理主要通过四级政府的立法，即国家级、省级、地区级和市级。于 1930 年提出并于 1988 年修正的国家公园行动计划为加拿大国家公园的管理提供了法律依据，它规定国家公园的建立必须得到上、下议院的许可。每个国家公园必须依法制定正式的管理规划。这一规划首先要考虑公园的生态完整性，而且必须每隔五年评估一次。

2. 资源管理

法律禁止国家公园内的各种形式的资源开采，诸如采矿、林业、石油天然气和水电开发、以娱乐为目的的狩猎等。但对于新建的国家公园,当地居民传统的资源利用方式可以继续保留。在某些情况下,印第安人打猎、捕鱼和诱捕动物等活动可以得到允许。

为了保持生态完整性,对火灾和病虫害只有在下列情况出现时才进行干预:对周围土地有严重的负面后果,公众的健康和安全受到威胁,主要的公园设施受到威胁,自然过程受到人为改变而需要恢复自然平衡,濒危物种的继续生存受到病虫害的威胁,自然力量不能维持预计的动物种群增长和植物群落演替过程,以及主要的自然控制过程缺失。

3. 游憩管理

这一政策并不排斥在国家公园开展旅游活动,但明确把旅游活动放到一个次要的位置,游憩利用必须在维护生态完整性的基础上进行。为了保护和利用的双重目的,国家公园通常划分成特殊保护带、原始生境带、自然环境带、户外游憩带、公园服务带。在特殊保护带,严禁机动车进入和游憩设施的修建。加拿大国家公园管理局还提出评估所有游憩活动对国家公园的生态完整性可能造成的影响,提出42种允许开展的游憩活动类型,并对一些游憩活动提出了明确的限定条件。如只有当鱼类种群数量在提供一定程度的收获量以后仍然不危及种群的生存力的前提下,才能进行体育性的钓鱼活动。

4. 社区和居民的管理

加拿大国家公园行动计划明确规定了必须给公众提供机会,使他们有机会参与公园政策、管理规划制定等相关事宜。由于一些国家公园与原住民的保留地重合,因此加拿大国家公园非常重视原住民在公园管理中的作用,与他们建立真正的伙伴关系,尊重原住民文化在生态完整性建设中的作用。同时,一些原住民还参与国家公园的巡视工作。

(三)加拿大国家公园管理的借鉴意义

(1)管理理念、管理方式和管理体制与时俱进,且相关科研确保了这种演进成为长进。

(2)保护不是严防死守,而是在细化保护需求的基础上人为干预并结合合理利用。

(3)在基本保持财政支持为主的情况下采用多种方式形成多种资金来源,使社区也能从保护中获益从而支持保护。

五、国外地质遗迹资源开发利用的启示

不同国家和地区在资源保护与利用中最可贵的经验是其管理理念:根据公益性质确定资源的功能(使命),然后建立与之相应的管理机制与监督机制等,以保证

管理手段、管理能力与管理目标相适应。这种理念不会因为国情、体制的不同而不适用于其他国家或地区,也不会因为资源的基础条件存在差异而难以借鉴。当然,由于国情国力、省情省力的区别,这种学习和借鉴必须采取适合自身发展的方式。

（一）完善地质遗迹保护的法律体系

西方国家自然遗产保护的最大特点之一是他们具有完善的法律体系以及自然遗产保护的法制环境。美国国家公园体系在 1916 年由国会立法正式建立,国家公园管理局根据法案设立并在法律框架内行使职权,在国家公园内实行的各项管理都严格以联邦法律为依据,其中包括关键的区域管辖权力和国家公园管理局在联邦财政中的地位,这样,国家公园管理局就有足够的法律保障、财政保障对自然遗产进行保护。这种保护由于是在联邦政府财政支持下进行的,因此国家公园内的保护管理是公共管理的一部分。其他国家也类似,例如,加拿大 1930 年就颁布《国家天然公园法》;挪威通过《自然保护法案》划定国家公园,设立"自然管理理事会"管理机构;日本依照《自然公园法》对国家公园进行规划管理。

在我国,关于地质遗迹资源的立法还没有得到足够的重视,人们对地质遗迹作为自然资源的认识还不够。目前,我国与地质遗迹保护工作相关的法律法规主要有:《地质遗迹保护管理规定》《古生物化石保护条例》《国家地质公园规划编制技术要求》《全国主体功能区规划》《全国生态环境保护纲要》《全国生态功能区划》《中华人民共和国环境保护法》《中华人民共和国野生动物保护法》《中华人民共和国海洋环境保护法》《野生植物保护条例》《自然保护区管理条例》《风景名胜区条例》《中华人民共和国水法》《中华人民共和国森林法》《中华人民共和国土地管理法》《中华人民共和国矿产资源法》等。然而,对如何保护世界级或国家级的地质公园,国家暂时还没有出台有关的法律。目前我国世界地质公园发展正处于一个申报与开发的上升期,国家应该尽快出台相关的政策和法规,使地质遗迹资源保护和地质公园建设工作建立在法律基础之上,真正做到有法可依。

（二）指导开发的宗旨

美国与欧洲的一些地质公园在开发建设中非常注重对地质遗迹资源的保护,将保护地质遗迹、维护生态系统平衡作为建立公园的根本目的。美国在对其国家公园开发时就严格规定,除了必要的风景资源保护设施和必要的旅游设施外,严禁在国家公园内搞开发性项目,而且只允许有少量的、小型的、分散的旅游基本生活服务设施;另外,设施的风格色调等要力求与周围的自然环境相协调,不得破坏自然环境和资源,同时,要严格控制公园内的游客量和野营地的设施数量等。

我国地质公园的建设与发展应当借鉴这些思路与做法,将公园的主要任务定位在保护珍稀的地质遗迹上。"保护为主,适度利用"是一贯的自然遗产管理宗旨,关键的问题在于利用的程度。在国家法律保护之下,国家公园对工业化开发是坚决抵制的,但对旅游开发在历史上有许多争论,如 20 世纪 60 年代美国国家公园非常强调满足旅游者的需求,建了许多设施,但在环境主义者的压力下,80 年代后转向贴近自然的体验旅游并增强教育功能。因此,"适度利用"既可以在利用的"度"上加以限制,也可以在旅游利用方式上加以改善。

(三)自然遗产的财务基础

国家公园作为国家的资源管理机构,其主要使命是保护自然和历史资源,为当代和后代提供感受、教育和激发灵感的价值。国家资金的投入是必需的,如果没有国家直接的经济投入做调控杠杆,中央政府的管理必然不力。世界上已有一百多个国家建立了国家公园管理制度,由于公益的性质,几乎所有的国家公园都是依靠政府的拨款。美国国家公园管理局对公园管理所需要的资金每年通过联邦预算由财政拨给,每年维持日常运转的管理经费 90% 由国会拨款,另外 10% 来源于门票收入、特许经营管理费和其他收入。国家财政理所当然应该用于遗产资源保护的公共性开支,这就保障了遗产保护工作的开展,也使管理当局不能直接从事营利性项目开发以获取收益。地质公园的建设,国家必须增加投入,从财政上给予长远的、稳定的、一定数量的正常运转经费,杜绝由此而引起的不正当开发和破坏地质遗迹和生态环境的行为。

(四)重视原住民利益与公众参与

1992 年第四届世界公园大会号召保护原住民的利益,考虑他们传统的资源生产活动和传统的土地利用形式。2003 年《德邦倡议》紧急呼吁保护区的管理要与乡土居民和当地社区利益共享。原住民由于长期与自然的互动而保留了许多脆弱的生态系统,因此原住民和自然保护地之间在本质上不存在冲突。保护地必须与原住民达成协议,确保他们充足、平等地享受保护区的收益,融入保护区的管理和决策之中。事实证明,原住民较早地介入自然遗产地的管理和决策,就能使双方受益,参与程度越高,矛盾冲突越少。

公众意识的觉醒和取得公众支持将使自然保护实践获得成功。所以,要使公众充分认识到地质遗迹是大自然留下的宝贵遗产,是人类共有的财富,每个人、每一代人都有享受自然馈赠的权利,也有保护的义务。一方面,要发动社会公众积极参与保护活动,协助管理,共同搞好管理工作;另一方面,在制定和执行保护政策时要尊重公众的意见。只有得到公众支持的政策,公众才会自愿遵守,才能够有效地实施。

(五)创新地质遗迹资源管理理念

1. 建立科学的规划决策系统

科学的规划决策系统是保证国家遗产管理的有力工具,这一方面美国也积累了一些有益的经验,如用地管理、公众参与、环境影响评价、总体管理规划—战略规划—实施规划—年度工作规划和报告四级规划决策体系等。我国目前在遗产地规划决策方面还存在一些不足,主要表现为规划的可操作性不够、决策过程科学性不够、公众参与强度不够等。因此,学术界应与相关政府部门通力配合,尽快充实完善有关遗产保护管理方面的规范、指南和其他政策性文件,最终形成符合我国实际的、切实有效的规划与决策体系。

2. 管理者要定位于"管家"或"服务员"

国家公园的管理者不是公园资产的"所有者"或项目"业主",而是国家公共财产的管家或服务员,国家公园属于当代及后代的共同财产,管理者只对遗产有照顾、维护的责任,而没有随意支配的权利。值得注意的是,这种角色定位不仅是由法律或管理政策的措施决定的,而且是管理当局所持的社会伦理观念,也是一种自我约束的行为。美国国家公园管理局在自己的公开文件中明确向自己的职员与社会公众传达这一观念。这种遗产保护中的伦理观念,在我国的遗产保护中应予以提倡。中国的国家遗产是全中国人民以及后代子孙的共同财富,中国的世界遗产是中国人民以及世界人民的共同财富。任何个人、单位或地方政府都没有资格,也没有任何理由窃取遗产的继承权,任何管理政策和建设行为都要站在全体国民和子孙后代的立场上去权衡和取舍。

3. 采取特殊的方式解决自然遗产地经营问题

美国国家公园通过特许经营制度来区分遗产管理与遗产地的经营活动。国家公园的特许经营体现了一种政府管理、企业经营的高效资源运作方式。同时,特许经营是公园管理规划的一部分,它明确了经营人的权利和义务,保证了企业经营行为不会影响和扭曲国家公园的保护宗旨和发展目标。特许经营费的收取,保障了国家公园不会因实行特许经营而带来额外的资金负担,体现了资源有偿使用的特点,形成了资源开发、保护的良性循环。

4. 加强交流与合作

建立广泛的合作方式来改善遗产管理是西方国家遗产管理近些年来的特点,合作者可以是政府、非营利性的机构,也可以是企业和私人、公众组织、基金会等,其目的是获取财务、科研等各方面的支持,并在社会中树立开发、有效率和服务公众利益的形象。

(六)科普是实现地质公园价值的有效手段

地质公园必须以科普作为地学旅游的基础,使游客真正体验富有科学内涵的旅游乐趣,这样才能使地质公园成为他们增长知识、陶冶情操的旅游目的地。科普是形成欧洲地质公园网络的理念驱动,也是建设欧洲地质公园的必要元素。从全球范围看,欧洲地质公园网络的科普工作起步早,观念深入人心,积累了丰富的经验。开展好地质公园科普工作是地质公园建设的重要内容,然而目前在国内,许多国家地质公园的管理者把工作重点放在了发展旅游业方面,重视商业化旅游带来的经济效益,忽视甚至放弃了地质公园的科普教育功能。许多地质公园在科普教育工作中存在如下问题:①地质公园博物馆缺乏管理和服务,没有发挥科普宣传中心的作用;②多数导游由于缺乏相关专业知识的培训,只会神话故事、历史传说的解说,忽视科学知识的解说;③地质景点标示牌专业性强,解说力不足,游客很难理解与之有关的深奥的地质地貌知识;④地质公园科普书籍大多数是专业著作,不适宜作为普通游客尤其是中小学生的科普教育读物。同时,大多数地质公园也没有开展科普实践工作,即没有专门的地质科普景区、专门的科考路线和专职的科普工作人员,以及缺少相应主题性科普教育活动和科普产品为青少年服务,影响了地质公园科普教育功能的发挥。

因此,要加大科普工作的管理力度,增强地质公园管理者科普工作意识,开拓科普经验的交流渠道,激发地质公园管理者科普工作热情,培养高层次的科普人才,为地质公园的科普工作提供智力支持,以及开展相关的职业培训和认证考核活动。同时设立科普教育专项资金,确保公园科普工作的实施;设立公园内的科普实践基地,开展青少年科普教育活动。

第三章

地质公园旅游开发与管理理论

第三章

地质公园旅游开发与管理论分

第一节　地质公园旅游资源开发的理念

地质公园旅游资源开发是以地质公园旅游价值开发为核心的经济技术系统工程,其实质在于挖掘地质资源的内涵旅游价值,提高特色地质吸引力,使特色地质公园资源变成现实的旅游吸引物。地质资源的开发是地质公园整体旅游开发建设的核心基础,同时,成功的地质公园开发必须与其他旅游相关方面的开发协调进行。

一、地质公园旅游资源开发

从地质旅游爱好者的角度来说,地质旅游产品是旅游者一次地质旅行的整体经历;从开发者的角度来看,地质旅游产品则是地质公园供给商为旅游者提供的食、住、行、游、购、娱等活动过程中所需要的有形产品和无形服务的总和,地质资源只是构成地质旅游产品的一项重要因素。地质公园旅游产品的开发结果是一条现实的旅游路线,可以直接由地质公园旅游开发供应商提供给旅游者的有形产品和无形服务来组合。也有学者从更高一层的宏观角度出发,把地质公园的旅游产品定义为旅游地(城市、地区、国家),认为旅游地的自然风景、气候、经济基础、上层建筑、历史、文化及人民等方方面面都可能为旅游者所感兴趣,都属于地质旅游产品的范畴,即所谓"大产品"。把地质公园作为一个整体,作为大产品进行开发,规定了地质资源开发的地理范围与整体性,而不是单单推出一个景点或一家商家,能更加突出地质公园旅游活动的综合性特征。综上,地质公园旅游资源开发和旅游产品、旅游地开发之间是各有侧重、逐步延伸的关系。

二、地质公园开发的理念

资源开发必须遵循一定的客观规律,人们对这些客观规律分析总结形成科学理论,只有在科学理论的指导下,才能达到资源开发与利用的最佳境界。

(一)根据地域分异规律,构建最鲜明的地质公园旅游特色

地域分异规律是指地理环境各组成部分及整个景观在地表按一定的层次发生分化并按确定的方向发生有规律分布的现象。形成地域分异的基本因素是太阳辐射和地球内能作用,故地域分异广泛地存在于自然地理现象和人文地理现象之中。地域分异在地表所表现出的最基本、最普遍的规律性,即地带性和非地带性。地质资源作为地理环境的组成部分也不例外,从南到北、从东到西、从低到高,无论是自然资源还是人文资源或是社会资源,都明显地表现出了地带性(即纬度地带性)和非地带性(即经度地域分异和垂直地域分异)规律。地质公园的地域分异规律导致了不同旅游地区之间地质开发产品的差异性,而旅游者的流动正是在这种区域地质差异所产生的驱动力下形成的。可见,地质分异规律的作用是地质公园开发形

成的重要因素。因此,在地质资源开发过程中必须遵循地域分异规律。首先,地质资源开发应寻求差异,突出本地特色,发挥本地优势,切忌照搬、抄袭。其次,对地质公园的区划即应用地域分异规律,应寻求相对一致的地质资源区域。只有地质公园资源区划充分地反映出地域分异规律,各旅游区的旅游功能和特色才能明确,这对地质公园的功能分区、开发主题与方向、开发规模、开发方式和管理决策等都具有重要意义。

(二)根据区位论,确定最佳的地质公园开发模式

区位论是关于人类活动的空间分布及其空间组织优化的理论。首先,地质公园开发是空间上的活动,必然具有空间布局和空间组织优化问题,因此必须进行区位因子的分析,在区位理论的指导下进行。保继刚、楚义芳等根据旅游地区位条件,结合区域经济背景,划分出了四种旅游开发模式,如表 3-1 所示。

表 3-1　旅游开发模式

开发模式	地质资源价值	区位条件	区域经济条件	主要开发措施	案例
1	+++	+++	+++	全方位开发	北京
2	+++			国家扶持,适当超前发展	张家界
3	+++	+	+	保护性开发	西双版纳、丽江
4	+	+++	+++	恢复古迹,或人造高级别地质资源	武汉、深圳

注:+++表示优;++表示中;+表示差。

资料来源:保继刚,楚义芳.旅游地理学[M].3 版.北京:高等教育出版社,2012.

其次,区位理论要求在开发地质公园和进行旅游业布局时发挥地质公园和基础设施的集聚效应,以提高其利用效益,并起到方便游客的作用。

最后,旅游服务设施的选址必须考虑其区位条件。

(三)根据系统论,制定最优的地质公园开发结构体系

系统是由相互联系的各个部分和要素所组成的具有一定结构和功能的有机整体。系统论的基本思想是:①要把研究或处理的对象看成一个系统,从整体上考虑问题;②特别注重各子系统、要素之间的有机联系,以及系统与外部环境之间的相互联系和相互制约。一般认为,地质公园旅游系统包括两个子系统,即自然地质资源子系统和人文地质资源子系统。各地质资源子系统又由低一级的子系统或要素组成。旅游业、客源市场等就成了地质公园系统的环境因素。系统论不仅为地质公园开发提供了认识论基础,即地质公园是一个系统,具有系统本身的各种性质和功能,应从系统的观点来看待地质公园;同时又为地质公园的开发提供了方法论基础,即运用系统的方法开发地质资源。因此,地质公园的开发必须通盘考虑地质资源的价值、功能、规模、空间布局、开发难易程度、社区状况、市场状况等诸多因素，合理配置，使之产生最佳的综合效益；同时，必须使地质公园与旅游服务设施配套协调发展，使地质公园的功能与游客的需求紧密结合，做到系统内各要素之间相互支持相互配合，系统与外部环境协调一致。

（四）根据可持续发展理论，形成地质公园持续利用的发展模式

可持续发展是人们对发展经济和保护环境的关系的深刻反思、进一步认识的结果。这一概念一提出便迅速影响到环境、生态、人口和旅游等各门学科。地质公园不单是旅游经济发展的物质基础，同时其开发利用是有代价的。因此，地质资源的开发利用，必须做到开发与保护并举。对于那些不易破坏地质资源和环境的项目，要以开发利用为主，大力开发建设；对于稀缺的、不可再生的地质资源，则应以保护为主，在不破坏资源的前提下，实施科学的有限开发战略。同时，由于可持续发展战略涉及经济可持续、生态可持续和社会可持续等三个方面，因此地质公园的开发必须讲究经济效益，关注生态平衡，追求社会公平，实现三者的有机结合。当然，要实现地质公园的永续利用，必须兼顾局部利益和全局利益，眼前利益和长远利益，合理安排地质公园开发的顺序，不可一蹴而就，而应分期分批展开，不断开发新资源、设计新项目，保持地质公园的吸引力经久不衰。

三、地质公园开发的原则

地质公园开发的原则是指地质公园开发过程中所遵循的指导思想和行为准则。尽管地质公园在性质、价值数量、空间分布等方面有差异，开发方式各不相同，但地质公园的开发仍有一定的基本原则可循。

（一）市场导向原则

所谓市场导向原则，就是根据旅游市场的需求内容和变化规律确定地质公园开发的主题、规模和层次。这是市场经济体制下的一条基本原则。市场导向原则要求在开发地质公园前，一定要进行市场调查和市场预测，准确掌握市场需求和竞争状况，结合资源特色，积极寻求与其相匹配的客源市场，确定目标市场，以目标市场需求为方向对地质资源进行筛选、加工和再创造。例如，当前旅游需求正在由大众型观光游览式旅游向个性化、多样化、参与性强的方向发展，那么在地质公园开发中，就不能停留在观光型旅游项目上，而应增加活动项目品种，设计多样的参与性强的旅游活动项目，以适应市场的变化趋势。

市场经济同时也是法制经济，地质公园开发的市场导向原则并不意味着凡是旅游者需求的都可进行开发。例如，那些属于国家绝对保护的自然资源和文物古迹，对旅游者会有生命危险或有害于旅游者身心健康的地质资源，就应限制或禁止开发。地质公园的开发必须在国家的各项法律法规所允许的范围之内进行。

(二)独特性原则

地域分异规律导致各地区地质资源之间具有差异性,从而形成不同的特色。地质公园开发的独特性原则要求在开发过程中不仅要保护好地质资源的特色,而且应尽最大可能地突出地质资源的特色,这是它们能够吸引旅游者的根本原因所在;且差异越大,独特性就越强,对游客的吸引力就越大(假如其他因素不变)。可以说,特色是地质公园的灵魂,独特性原则是地质公园开发的中心原则。

独特性原则要求地质公园开发必须突出民族特色、地方特色,努力反映当地文化,尽可能保持地质资源的原始风貌。"只有民族的地质公园,才是世界的旅游吸引物。"实践证明,成功的景区景点都是以其独特的性质和特色而吸引游客的。丢掉民族特色、地方特色,就失去了吸引力,地质公园的开发必然走向失败。

当然,独特性并不是单一性,地质公园开发在突出特色的基础上,还应具有多样化特点,以丰富旅游活动,满足游客多样化的需求。

(三)经济效益原则

旅游业是一项经济产业,地质公园开发同属经济活动范畴,经济利益是进行地质公园开发的主要目的之一。因此,地质公园开发时,应当进行旅游经济投入和产出分析,确保旅游开发活动能带来丰厚的利润。要在充分了解市场的基础上,对地质公园开发项目的可进入性、投资规模、建设周期、对游客的吸引力、资金回收周期等各方面,都进行细致入微的数据分析;对各种不同类型的地质公园,应统筹规划、分清主次,选择重点项目优先发展,以产生"轰动效应",增强对游客的吸引力;考虑资金、人力、物力等供给因素以及旅游需求的动态变化,地质公园的开发应采取阶段式进行,开发规划布局要有一定的弹性,留有余地,以满足游客不断发展的新需求。

(四)环境保护与社会效益原则

开发地质公园的目的是更好地利用地质资源,而生态环境则是地质公园赖以存在的物质空间。旅游区之所以必须重视资源与环境的保护,控制污染,是因为它主要依赖地质公园资源和良好的环境质量来吸引游客。因此,保护好生态环境与地质公园本身,不仅是为了长远利益,也是为了当前利益。这包括两个方面:一是保护地质公园本身在开发过程中不被破坏,正确处理好开发与保护的关系;二是要控制开发后旅游区的游客接待量在环境承载力之内,以维持生态平衡,保证旅游者的旅游质量,使地质公园旅游业可持续发展。

同时,地质公园开发还必须注重社会文化影响,必须遵守旅游目的地的政策法规和发展规划,必须不危及当地居民的文化道德和社会生活;并因地质公园的开发,能为当地提供就业机会,加快基础设施的发展,促进文化交流和信息沟通,以得到当地政府和居民的认可和支持。总之,只有产生良好的环境效益,并实现经济效益、社会效益和环境效益的协调统一,地质公园的开发才能成功,这是地质公园开发的一条总原则。

(五)综合开发原则

综合开发是指围绕重点项目,挖掘潜力,逐步形成系列产品和配套服务。为了丰富地质公园旅游活动内容,延长游客旅游停留时间,提高地质公园经济效益,地质公园开发时,应在保证重点项目开发的基础上,不断增添新项目、新特色;以地质公园开发为核心,并逐步建立健全吃、住、行、游、购、娱等旅游服务和配套设施,形成完善的地质公园服务体系。这是地质公园开发向深度和广度发展,形成规模经济,增加收入的重要途径。

除上述原则外,在地质公园开发中,还必须贯彻执行国家或地方政府的有关法律法规,如《中华人民共和国文物保护法》《风景名胜区管理暂行实施条例》《中华人民共和国森林法》《中华人民共和国环境保护法》《中华人民共和国水土保持法》等,同时还需注意符合上级或地方经济发展的总体规划。

第二节 地质公园开发理论基础

地质公园开发是一个多学科知识交互运用的创新过程,涉及面非常广泛。地质公园开发具体的实践活动是建立在一定的理论基础之上,并以理论作为指导。地质公园开发的主要基础理论有区位论、经济学与市场学理论、特色发展理论、旅游者行为理论、增长极理论、点轴开发理论、网络开发理论、景观生态学理论和系统理论等。

一、区位论

区位,即位置、场所之意。某一种事物要素的区位一方面指该事物的位置,另一方面指该事物与其他事物要素间的空间联系。区位主要包括的内容有:一是它不仅表示一个位置,还表示存在某事物或为某特定目标而设定的一个地区、范围;二是它还包括人类对某类事物要素位置的设计、规划。

区位论的代表性理论有杜能的农业区位论、韦伯的工业区位论、克里斯塔勒的中心地理论、威尔逊的空间作用理论等。区位论是人文地理学基本理论的重要组成部分。

地质公园区位选择应遵循的原则有:①地质公园开发建设的因地制宜原则。选择地质公园区位时,应根据具体的经济活动和具体的地点,仔细考虑当地影响区位活动的各种因素,如气候、地形、地质、土壤、水系、植被等自然因素。②地质公园开发建设降低生产成本,获得经济效益的原则。根据市场、交通、人口、劳动力素质和数量、政策等社会经济因素,能充分而合理地利用当地的各种资源,达到经济效益最大化。③地质公园开发建设的动态平衡原则。影响区位选择的因素,一为静态因素,如土壤、地形、矿产资源等,主要为自然因素;二为动态因素,如市场、交通、政策、技术、人口等,主要为社会经济因素。因动态因素不断发展变化,故应更多考虑其对区位选择时所产生的影响。④地质公园开发建设的统一性原则。认识地质公园时,既要对地质公园及其开发建设过程的有关要素进行分析,还要从整体的角度上对地质公园的发展与影响统一进行把握。

地质公园的区位论从点、线、面等区位几何要素进行归纳演绎,从地理空间角度提示了人类社会经济活动的空间分布规律,揭示了地质公园的各区位因子(因素)在地理空间形成发展过程中的作用机制。在运用区位理论来具体指导地质公园的区位选择时,应坚持人类活动与地质公园环境的协调与统一,理论与实际的统筹规划以及动态、发展的原则。

区位活动是人类活动的最基本行为,是人们生活、工作初步的基本要求,可以认为人类在地理空间上的每一个行为都可以视为一次区位选择活动,如地质公园开发类别的选择与开发用地的选择;地质公园的区位选择,公路、铁路、航线的选线与规划;地质公园功能分区(中心接待区、观光游览区、休闲体验区、文化体验区、探险体验区、参与游乐区和生态保育区等)的设置与划分等。

区位论对于地质资源开发的地域选择和区域定位、旅游竞争力、旅游市场竞争、旅游空间布局和旅游产业布局等,均具有重要的参考价值。

二、经济学与市场学理论

经济学包括政治经济学、部门经济学、会计学、统计学等,其研究内容主要集中在经济现象、经济关系和经济发展规律等方面,在旅游中的具体内容主要包括旅游的活动性质和特征、旅游产品、需求与供给、市场与价格、旅游消费、旅游收入与分配、旅游经济效益、投入产出分析、经济结构等。从 20 世纪 70 年代起,国外学者研究了地质公园的关联带动作用,使地质公园的乘数效应成为研究热点。20 世纪 80 年代以后,旅游国际分工、经济比较、产业分布理论的提出,对地质公园区位选择与开发具有较大的参考意义。

旅游经济学理论认为,地质公园开发,地质公园旅游产品的生产、消费、运行的特点,除有经济活动运行的共同规律外,还具有其本身的运行、消费特点与规律。地质公园开发是一个经济活动,在其开发过程中,一方面要关注其关联带动作用,即乘数效应,注重旅游"行、住、吃、游、娱、购"六要素的综合布局;另一方面要加强地质公园开发建设的投入产出分析,使地质公园投入最小化,效益最大化,把地质公园开发变为最经济的开发行为。同时,从生态经济角度讲,地质公园还要把旅游开发的社会效益、环境效益放在非常重要的位置。

　　市场学是研究企业市场营销活动规律的一个经济管理学科分支。通常认为，市场学理论的核心是"4P"，即产品（product）、价格（price）、营销渠道（place）、促销（promotion），其指导企业研究目标市场、市场经营组合、产品组合、市场预测、促销方式、价格、分销渠道、服务形式、市场竞争等。

　　地质公园开发建设的相关理论是在上述理论基础上产生和发展的，其根据旅游产品的特征，即服务的无形性、产品的不可移动性、产品消费的异地性、地质公园的季节性、产品的脆弱性等，主要研究目标有市场定位、产品定位、营销战略、产品组合、市场预测、促销方式、分销渠道、市场形象设计、客流交通、现实及潜在旅游需求、旅游路线、市场趋势、产品垄断性及替代性等。其中，地质公园在旅游市场的定位、地质公园相关旅游产品的功能定位、地质公园的市场形象设计、地质公园的旅游促销手段等方面的理论，对于地质公园开发具有重要的意义。所谓的"以资源为基础，以市场为导向，以产品为核心，以项目为支撑"的地质公园开发认识，就是强调了市场在地质公园开发中的重要作用。

　　旅游市场学面向应用领域，把旅游者、旅游目的地和旅游企业及管理者紧密地联系在一起，寻求三者的平衡和协调关系，是地质公园开发不可或缺的理论基础，对于地质公园发展战略、旅游规划项目设计、基础设施和旅游服务设施的布局建设等都具有重要价值。

三、特色发展理论

　　地质公园开发是以市场为导向，以特殊地质资源、不可替代的地质资源或关键地质资源为基础，以特色产品为载体，以特色工艺技术为支撑，是高附加值、高占有率和产业化运作的经济发展模式，是具备特有竞争力的优势经济。

　　地质公园特色发展理论的主要思想如下。

1. 地质公园产业结构的特色化

　　特色发展立足于自身优势，通过突出自身的资源特色、产品特色以有效地避免跟风现象，防止区域的产业结构趋同，解决区域竞争的同质化问题。

2. 区域产业的专业化和产业化

　　地质公园特色发展立足于比较优势，摆脱区域发展一定要按照三次产业次序逐步升级的局限性，按照比较优势的原则选准特色、壮大景区特色，将劣势变为优势，并通过专业化生产和产业化集聚，最终形成具有鲜明特色的地质公园经济体。

3. 区域产业竞争的差异化

　　地质公园特色发展要立足于市场导向，核心是实现差异化竞争，即通过地质公园独特的产品、优质的服务占领市场，以景区特色来吸引顾客，用优质的产业和产品提高对市场的占有率和辐射能力。

4.区域产业的柔性化

地质公园虽然也具有衰退期,但由于特色经济是在高度专业化分工基础上由中小企业集聚所形成的柔性产业群落,地质公园形成的特色经济体对市场变化的反应更迅速,对市场具有较强的适应性,更适合于区域经济总量不大的经济欠发达地区。

5.区域产业的产品特色化

地质公园常以产品的特色作为重点,突出地质公园旅游产品的特色优势、所具有的不可替代性,或所具有的市场垄断性,发挥景区自身的特长,弥补景区自身的不足,从而能够占领市场,在国际旅游市场上占有一席之地。

特色发展理论(亦称差异化发展战略)对于确定地质公园开发重点和地质公园规划建设中的产品定位、提升产业竞争力、服务特色化、避免发展中产品同质化等方面具有重要的理论和实践意义。

四、旅游者行为理论

自从美国社会心理学家马斯洛(Maslow,1954)提出著名的人类"需要的层次论"(生理需要、安全需要、爱的需要、受尊重需要和自我实现需要)之后,国内外很多学者将其应用于旅游研究,如旅游与生活的心理学区别、旅游的文化差异所引起的心理反应、旅游现象的心理阐释等。

旅游活动是心理行为的一种外在表现,旅游本质上是一种精神需求,是一种经历和过程,是人们心理、生理等的一种自我完善活动。

旅游者行为是从旅游者的心理需求出发,研究旅游者的旅游需求、旅游欲望、旅游动机、旅游决策、旅游选择、文化向往、旅游偏好、旅游认知、旅游满意度、空间选择行为等内在心理企盼和外在行为,以及由游客构成的旅游流的类型、结构、流向、流速、特征及其动态规律等。从发生学的角度考虑,从旅游活动产生及发展的过程和程序出发,旅游者行为应从旅游欲望—旅游动机—旅游决策—旅游选择—空间行为—旅游偏好—文化交互—旅游感知—旅游评价—旅游认知—旅游反馈等完整行为链来进行探讨。旅游者行为研究涉及心理学、社会学、经济学、行为地理学、人类学、历史学等自然、人文社会学科内容。目前,从心理学、社会学、经济学、人类学等不同学科的角度研究旅游者行为的成果较多,较为成熟的研究成果主要集中在市场旅游需求的变化,旅游者对旅游资源和产品的选择偏好,旅游认知与评价,大、中、小尺度的旅游空间行为模式等方面。

旅游者行为对地质公园开发中的地质资源开发方向、目标市场定位、产品定位和设计、项目规划设计、开发特色等,均具有直接和间接的指导、参考意义。

五、增长极理论

增长极理论是以区域经济发展不平衡的规律为出发点，认为在区域经济发展过程中，经济增长不会同时出现在所有地方，而总是首先在少数区位、条件优越的点上不断成为经济增长中心（增长极或城市）。该理论最早由法国经济学家佛朗索瓦·佩鲁（Francois Perroux）于 1955 年提出，主张政府干预、集中投资、重点建设。地质公园开发建设及建成后，可通过发挥增长极的极化效应和扩散效应，推动整个地区经济的发展。

佩鲁把产业部门集中而优先增长的、率先发展的地区称为增长极。增长极的形成关键取决于推动型产业的形成，旅游业属于推动型产业，又称为主导产业，是一个区域内起方向性、支配性作用的产业。当这种产业增加其产出，或增加购买生产性服务时，对其他产业具有极强的连锁效应和推动效应，能带动其他产业或投入的增长。这种产业就是推进型产业，或称之为增长诱导单元，即增长极，而受增长极影响的其他产业就是被推进型产业。在一个广大的地域内，增长极只能是区域内各种条件优越、具有区位优势的少数地域。

极化效应是指在增长极形成后，就要吸纳周围的特色地质资源要素，使其本身日益壮大，并使周围的资源区域成为极化区域。在极化区域内的资源要素与增长极聚集的过程中，形成了一个连续不断的融合交流旅游圈子，由于市场经济的存在，增长极在获取资源的同时，游客和资金流等也同时流向周边地区。当主导产业形成之后，增长极将会产生极化作用：资源扩大而导致生产成本下降和收益增加；共同利用基础设施而获得成本节约的聚集；产业链的产前产后联系而获得成本节约的聚集；由于管理方便引起的聚集。增长极周围区域的生产要素向增长极集中，使增长极本身的经济实力不断增强，对周边地区要素的吸引力也越来越大。一般把一个区域内的中心旅游景点称为增长极，把受到中心旅游地吸引的区域称为极化区域。

扩散效应是指当极化作用达到一定程度，且增长极已扩张到足够强大时，会产生向周围旅游地区的扩散作用，同时将资源要素扩散到周围的区域，被更替下来的产业向增长极周边地区转移。随着增长极的规模扩大和技术水平提升，扩散效应日渐增大。同时，对一些在增长极无法从事的产业需求越来越大，加入这些产业的生产要素从增长极向周边扩大，促进这些产业在周边的发展。

扩散效应与极化效应同时存在。在地质公园发展的初级阶段，极化效应是主要的；当增长极发展到一定程度后，极化效应削弱，扩散效应加强。一旦一个地区的地质公园开发建设形成，由于旅游区域之间的自然联系，必然会形成在主导产业周围的前向联系产业、后向联系产业和旁侧联系产业，从而形成一个区域的旅游景点的乘数效应。

　　旅游业是一个产业关联度极高的产业,可作为推动型产业,其正常运行依托于许多部门和产业的支持。这种关联度表现在:一是旅游业的发展很大程度上依存于基础性产业的发达程度。这些基础性产业为交通运输业、电力、房地产业、公用事业、食品制造业、邮电通信业、石化化工业、金融保险业、居民服务业以及其他工业。二是旅游发展对相关行业的产品升级换代具有推动作用。旅游是人们追求更高水平的物质、精神享受的活动之一,旅游消费无论在质量、数量和规格上的要求都比较高,这就为相关行业如交通、饮食、住宿、商业、轻工、纺织、娱乐等部门开拓新产品、加快产品升级换代提供了市场需求和动力。

　　增长极理论对于地质公园旅游开发中的地质资源开发的时序规划、地质公园规划中的空间结构设计、集散地建设、目的地建设、旅游中心城市的形成等,具有重要的参考价值和意义。

六、点轴开发理论

　　点轴开发理论最早由波兰经济学家萨伦巴和马利士提出,其是增长极理论的延伸。点轴开发理论认为,由于增长极数量的增多,增长极之间也出现了相互联结的交通线,这样,两个增长极之间的交通线就具有了高于增长极的功能,理论上称为发展轴。随着重要交通干线如铁路、公路、河流航线的建立,连接地区的人流、物流和信息流迅速增加,生产和运输成本降低,形成了有利的区位条件和投资环境。产业和人口向交通干线聚集,使交通干线连接地区成为经济增长点,沿线成为经济发展轴。在国家或区域发展过程中,大部分生产要素在"点"上集聚,并由线状基础设施联系在一起而形成"轴"。点轴开发理论在重视"点"(即中心城镇或经济发展条件较好的区域)增长极作用的同时,强调"点"与"点"之间的"轴"即交通干线的作用,发展轴应当具有增长极的所有特点,而且比增长极的作用范围更大。

　　点轴开发理论十分看重地质公园所在区域的区位条件、经济发展水平,强调交通条件对地质公园的作用,注重各增长极之间的旅游互补等联系程度,关注发展轴之间合理的空间距离。同时,点轴开发理论认为点轴开发对地区旅游经济发展和地质公园迅速成长的推动作用要大于单纯的增长极开发,也更有利于区域旅游经济的协调发展。

　　点轴开发理论对于区域地质资源开发、地质公园的开发建设、旅游规划中的旅游中心地和次中心设计等,均具有重要的理论意义和实践指导价值。

七、网络开发理论

　　网络开发理论主张加强增长极,发展轴与面的联系,实现整体推进。网络开发理论认为,当一个城市的资源开发到了接近成熟的层面时,区域经济需要也有可能实施较为均衡的发展。在旅游经济发展到一定阶段后,一个地区的旅游发展形成了增长极,即以地质公园为中心轴的开发,增长极和发展轴的影响范围不断扩大,在较大的区域内形成商品、资金、技术、信息、劳动力等生产要素的流动网,即交通网、商品网、通信网等。随着交通通信和空间网络技术的发展,地质公园的网络开发也进入初步的建设状态。网络开发理论强调加强地质公园与周围地质资源地和旅游景点的联系和交流,促进旅游经济一体化;同时,通过网络的外延,加强地质公园与区外其他旅游区域网络的联系,在更大的空间范围内,将更多的地质公园内部结构进行合理配置和优化组合,促进地质公园的快速健康发展。

网络开发理论实际上是点轴理论的进一步发展,是点轴理论的一种表现形式,二者没有本质的区别。点轴开发理论重视在区域范围内,对轴线地带特别是若干个旅游点,亦即城市或带状区域予以重点开发,对位于轴线上和轴线直接吸引范围内的资源予以优先开发。但随着经济实力的不断增强,旅游开发的注意力应愈来愈多地放在较低级别的发展轴和发展中心上。也就是说,发展轴线逐步向较不发达地区延伸,将以往不作为发展中心的点确定为级别较低的旅游发展中心,创建新的旅游开发建设中心。同理,围绕次级中心,又有三级、四级、五级中心等。不同级别的增长中心和发展轴线组成了地质资源开发建设的空间网络。

网络开发理论宜在经济较发达地区应用,该理论注重推进城乡旅游协同发展,更有利于充分开发地质资源,促进地质公园的快速发展。

网络开发理论对于地质资源的整体开发和重点开发、地质公园的区域旅游统筹协调发展、宏观和中观层次的区域旅游总体规划、旅游圈的建设、地质公园中心地位的确立等,具有重要的导向作用和参考意义。

八、景观生态学理论

景观生态学是生态学与地理学交叉融合而产生的一个新学科。景观生态学将景观空间结构分为斑块、廊道、基质等三种基本单元。

1. 斑块

斑块指空间的点或块结构,代表与周围环境不同的、相对均质的非线性区域,如景点和周围环境所构成的旅游斑块。

2. 廊道

廊道一般是指和两侧相邻地带不同的一种特殊带状要素类型,其能分割或连通空间单元。旅游地域内的廊道类型主要是指交通廊道,如旅游地与客源地之间的区外廊道,旅游地内部之间的通道系统形成的区内廊道,景区点内旅游线路所构成的廊道等。

3. 基质

基质指斑块镶嵌内的背景结构——生态系统或土地利用类型。基质可为面状,亦可为点状随机分布的宏观背景,如旅游地背景环境类型以及人文环境特征等。

地质公园的建设开发,需要紧密参考景观生态学。景观生态学的景观结构、景观异质性、景观功能等原理,以及景观生态设计的异质性原则、整体优化原则、多样性原则、综合效益原则、个性与特殊性保护原则等,对于地质公园开发中的生态环境保护、景观多样性的设计、效益的综合考虑、地质资源特色的保存、生态型旅游区的建设、保存物种的规划设计等,均具有重要的使用价值和参考意义。

九、系统理论

系统论认为,系统是由相互联系的各个部分和要素所组成的具有一定结构、关系和功能的有机整体。系统论的基本思想是:要把研究或处理的对象看成一个有一定层次、顺序的系统,从整体上考虑问题;特别注重各子系统、要素之间的有机联系,以及系统与外部环境之间的相互联系和相互制约关系。

通常认为,地质公园系统包括两个子系统,即自然资源子系统和人文资源子系统。各资源子系统又由低一级的子系统或要素组成。

系统理论不仅为地质公园的开发提供了认识论基础,即应从系统论的观点来看待地质公园,地质公园是一个系统,应遵循系统本身的各种性质和功能来进行开发建设;同时又为地质公园的开发提供了方法论基础,即用系统论的方法来开发地质公园。因此,在系统论的指导下,地质资源开发要做到以下几点。

1. 合理配置地质资源,产生最大综合效益

地质公园开发必须要全盘考虑,在综合分析地质资源价值、规模、功能、空间布局、开发难易程度、可进入性、客源市场以及开发效益等多种因素的基础上,合理规划布局各种要素,科学配置行、住、吃、游、娱、购等六大要素,使有限的地质资源产生最大的综合效益。

2. 地质公园相关行业、部门有机结合,相互配合

地质资源是旅游业的基础,但仅有地质资源是难以满足现代旅游者需求的,必须使地质资源与旅游服务设施以及相关行业、部门相互配合、协调发展,使资源的开发同旅游者的需求紧密结合,做到系统内要素之间相互支持、系统内部与外部环境保持协调一致,才能使区域旅游业全面、健康发展。

3. 地质资源开发区各要素能够和谐发展

地质资源开发区内的诸种开发要素,要按照系统论的观点,科学、有效地规划,以使旅游区内的旅游活动能够顺利开展。如交通、住宿、餐饮、娱乐、购物、通信等

要素的科学规划和布局,就要以系统论为指导来进行设计,使各要素之间能够相互协调、共同发展。

第三节　地质公园旅游资源开发程序

成功的地质公园开发离不开科学的开发计划。掌握地质资源开发的基本程序,对有理有节、科学合理开发地质公园具有重要意义。地质资源的开发一旦起步,就是一个循环的、逐步提高的系统过程。其开发程序一般包括地质资源的调查与评价、地质资源开发的可行性分析与论证、开发导向模式与定位策略的制定、开发方案的设计、方案的实施及进一步修正等步骤。

一、地质资源调查与评价

地质资源开发的首要工作是对地质资源进行全面的调查研究和评价。调查的内容主要包括地质资源的类型、数量、分布、景观特色和个性等。对自然景观类地质资源,应科学解释其成因及演变;对人文旅游资源,应查清其历史渊源及文学艺术价值等。然后对地质公园进行定性、定量评价,分析其旅游价值、功能、空间组合特征及旅游容量。最后写出地质资源调查报告及评价总结报告。

二、可行性论证

地质资源的开发是一项经济技术活动,必须进行可行性论证分析,包括经济可行性分析、技术可行性分析、社会环境可行性分析等,以便确定其开发在经济效益上是否合算、能否产生良好的社会效益和环境效益、在技术上能否达到要求水平,以确保地质公园开发的顺利进行。

(一)经济可行性分析

经济可行性分析是可行性论证分析的主要内容和关键。它由两部分构成,即市场可行性分析和经济可行性分析。市场可行性分析要求调查研究旅游者的来源地及其空间距离、社会经济发展水平、可支配收入、主要旅游动机以及人口统计学指标特征,如游客总量、性别、年龄、民族、教育程度、信仰、职业等,以确定客源市场;再研究市场制约因素,诸如季节因素、与其他地质资源的相似性及互补替代关系;最后预测旅游客源市场需求的方向和大小。市场可行性分析通常是整个研究过程中最耗时的,往往要通过实地调查才能获得所必需的资料。

经济可行性分析则主要确定地质资源的开发项目是否能够产生令投资者满意的经济收益。首先进行投资条件分析,判断近期、远期内可以获得多大规模的投资;其次进行社会经济基础和开发基础条件分析(如投资政策、物价水平、交通、通信、水电设施等）；最后进行投资效益评估，预测达到潜在市场水平的开发规模、人均消费水平，从而测算出总收益，然后根据预算投资额、资金流动周期，从中核算出旅游收入、收回投资的期限、投资回收率和赢利水平。通过经济可行性分析论证，可选择那些投资效益较好的地质公园优先开发。

（二）技术可行性分析

地质资源开发必须进行技术可行性分析，判断开发能否达到技术上的预期目的。首先要分析地质资源开发的技术要求和施工难度，然后对一定时期内的施工条件、施工设备、施工技术和工作量进行评估。对这些因素都要进行充分论证，提出每一项工程建设的经济技术指标，既做到技术过关，又节约资金，产生良好的技术效益。

（三）社会环境可行性分析

旅游活动是人在地理空间的运动现象，必然要对旅游目的地带来各种社会影响和环境影响。因此，地质资源开发必须进行社会环境可行性分析，主要包括当地居民对旅游开发的观念和态度、当地政府对旅游开发的支持力度、有关法律政策对旅游活动的规定、旅游业可能带来的文化冲击和社会影响、地质资源的脆弱性、生态环境的敏感性等。旅游环境容量包括旅游心理容量、资源容量、生态环境容量、经济发展容量和社会地域容量、旅游活动可能造成的资源和环境破坏程度等。

三、开发导向模式与开发定位

（一）开发导向模式

地质公园开发导向模式是由地质资源类型结构和市场需求结构供需矛盾所决定的，要解决的核心问题是地质资源的开发方向问题。我国地质资源的开发正在实现由资源导向模式向市场导向模式的转变。在社会主义市场经济体制下，这种转变是必然的。所谓资源导向模式就是地质公园的开发主要依资源而定，有什么资源就开发什么资源，对客源市场不考虑或考虑较少。市场导向模式就是市场需求什么就开发什么，对地质资源进行筛选、加工、再创造，导向市场所切实需要的。由资源导向转变为市场导向主要有三个因素：一是投资主体的转变。地质资源开发的主要投资者由以往的政府财政投入为主向社会化的引资、集资、贷款和私人投资转变，逐渐形成政府、地方、部门、集体和个人投资的多元化投资模式。无论何种投资都必须分析研究市场情况，进行可行性论证，然后才决定投资与否。二是市场的变化，即由以往的卖方市场转变为买方市场，市场竞争日益激烈。三是经营体制的转变。实行政企分开，由完全接待型转变为经营型，旅游经营者以追求利润为主要目标。

地质公园开发导向模式是一项战略性的经营策略，主要包括以下体系。

（1）基础形象导向。地质资源在旅游者心目中的形象主要源于两个方面：一是社会自然的长期教育和影响及旅游者个人的经历，即原生形象；二是旅游者在旅游广告促销和公关活动的影响下所形成的印象，即次生形象。

（2）总体功能导向。即地质资源的总体功能倾向，如文化旅游、度假形象、疗养旅游、消遣娱乐型旅游、科学考察、探险型旅游等。

（3）市场功能导向。即地质资源呈现在目标客源市场上的总体形象。它是根据地质资源在旅游者心目中的受重视程度，为其确定市场地位，即在地质公园开发后要形成一定的特色，树立一定的形象，以满足游客的某种需求和偏好。在地质公园开发初期，地质资源的形象主要是旅游者心中的基础形象，故目标市场的选择和市场定位是形成市场形象的主要因素；地质公园开发的后期则要靠地质资源的价值、声誉、市场排序，以及受游客青睐的程度。

（4）地质公园开发的主题导向。即根据地区内各地质资源在旅游功能上的分工和协作，制定出各地质公园的主题和相应的控制原则。其主要包括四方面的内容：一是地质公园具体的功能开发定位，如观赏功能、医疗功能、休憩功能、标志纪念功能等。二是地质公园开发的风格导向，如民族化导向、个性导向、优势化导向、适用性导向、游客心理导向等。三是开发模式定位，即一次性全面开发或阶段式开发模式。一次性全面开发模式适用于开发主体与旅游开发区具备足够的经济实力，市场需求充足，旅游承载力大，可完全支持全面开发所形成的旅游经济规模的情况；阶段式开发模式适合于地质资源丰富，文化底蕴深厚，而旅游开发资金缺乏、技术达不到要求等情况。四是地质公园开发的次序定位，一般实施逐级逐层的开发策略，先开发主题导向型地质资源和项目，然后再开发其他资源和项目。

（二）开发定位

定位理论产生的一个基本背景条件是产品和信息、广告的爆炸。类似产品的出现和名牌产品被仿造，使得要突出和区分产品的特点和优点越来越难。游客可以选择的旅游地越来越多，旅游点之间的发展竞争越来越激烈。因此，如何扩大地质公园的市场占有率、吸引更多的游客，就成为每个地质公园开发者和经营管理人员所必须面对且日益突出的问题。

定位实际上是一种理念的表达，是消费者理念的感知和凝固。从市场营销学的角度讲，旅游开发定位是地质公园开发者为了适应旅游者心目中的某一特定地位而设计地质公园的开发方案及营销组合的行为。进行定位的目的是将区域（或组织）的营销策略与竞争者区分开来，实质是制定一种比竞争者能更好地为目标市场服务的营销策略。

地质公园开发定位按营销管理层次可以分为开发目标定位、旅游功能定位和旅游形象定位等三个层次；按地质资源的组合程度还可以分为个别定位、资源组合定位和组织定位等三个级别。地质公园开发定位的原则是：开发目标定位应当是有号召力，经过努力可能实现的；旅游功能定位应当是可信的；旅游形象定位必须是独一无二的。

地质公园的开发定位一般要经过四个步骤才能完成。首先，要根据资源的特色和市场竞争状况找出一个具有吸引力的市场机会，即该旅游资源具有竞争优势的市场领域；其次，对市场机会进行比较分析之后，选择出自己的目标市场；再次，应制定出包括资源功能、形象、价格、促销、营销渠道等内容的地质资源定位策略；最后，以恰当的方法通过媒介把地质公园开发定位观念传递给目标市场。

四、地质公园开发设计与旅游产品优化

确定了地质资源的开发方向与定位策略之后，接下来就要进入地质资源开发的具体设计阶段。开发设计是在调查与评价的基础上，本着地质资源开发的原则和已作出的定位策略，确定地质公园规模和开发内容，拟定旅游区的空间布局、功能分区和总体艺术构图，最终制定出地质资源开发设计的总体方案。

旅游规模的确定是受客源市场和旅游环境容量限制的。开发内容则是按照市场的需求以及地质公园旅游功能和特性确定的。接着对所要开发的各种旅游活动项目进行相关分析，以确定各种活动之间的相依或相斥关系，从而有效地进行功能分区。然后在各功能分区内为各种设施、活动寻找适当的位置，如野餐区必须具备良好的排水条件、浓密的遮阴、稳定的土壤表层和良好的植被覆盖等。同时，在设计中必须围绕满足游客的需要这个核心，要让人在活动的参与中得到某种身心益处，这就要求找出环境中的一些社会、心理等效益，将它们融入地质公园开发设计之中，以满足游客的需求，真正达到创造符合人们生活环境的目的。此外，地质公园开发设计还应同时满足功能及美学上的需求，要建立经济价值观与人类价值观的平衡，将规律性与变化性合理组合，使环境与经济和谐发展。总之，地质资源开发设计应注意其结构、物质、审美等功能的满足，考虑市场的需求及其可接受性和经济效益，同时协调景点与交通的关系，注意资源保护，关注社区的目标及环境保护。

五、方案的实施及进一步修正

制定好地质资源开发设计方案之后，接下来就要进入开发的具体实施和经营运行阶段。地质资源的开发并不应就此止步，而要根据市场信息反馈和需求结构的变化，进一步认识地质资源的价值与旅游功能，优化已形成的旅游设施与服务系列，维持并不断提高地质资源的吸引力，从而形成地质资源开发的良性循环。

第四节 地质公园管理的基本原理

旅游业是一个综合性很强的行业,包括行、游、住、食、购、娱六大要素,与国民经济的许多部门联系紧密,这必然导致旅游业经营管理的复杂性。但是,拨开纷繁的面纱,旅游业经营管理本身存在着具有普遍指导意义的基本规律。旅游管理的基本原理就是对这些基本规律的高度概括与总结,地质公园的管理一定要遵守旅游管理规律,以利于地质公园的长久健康发展。

一、系统整体性原理

英国伦敦泰晤士河的污染曾一度相当严重,治理了几十年也不见成效,但是 20 世纪 70 年代后期,河水由浊变清,绝迹多年的鱼类又开始在河里生活。这一成就是怎样取得的呢?原来在 1974 年以前,英国的水管理体制是按行政区域实行多头分散管理,因此一直没有把水管理好。1974 年以后,他们实行了全流域集中统一管水的方法,在全流域管理机构下,按照分支流域成立了水务管理局,统管水资源保护、供水、排水、污水控制、污水处理等工作,合理地安排用水,有效地控制污染,并使污水在进行处理后再循环使用等,使泰晤士河又恢复了清澈。这种所谓"龙多难治水,治水一条龙"的管理方法就是系统整体性原理成功运用的典型范例。下面具体说明系统和系统整体性原理。

(一)系统

所谓系统,比如地质公园,是指处于一定自然与人文环境之中的由若干相互联系、相互依存、相互区别、相互作用的要素有机构成的,具有特定功能的整体。旅游业管理涉及人、财、物、时间、空间、信息等多种要素,涉及这些要素的相互关联与作用,这是一个系统工程。同时,旅游业涉及国民经济的方方面面,与其他部门、其他行业相互影响、相互作用,这使旅游业管理系统成为一个开放的大系统。

(二)系统分类

人们为了研究系统,往往根据系统所具有的各种特点进行分类。

1. 自然系统与人工系统

地质公园的自然系统和人工系统区别明显。自然系统是指系统的组成部分是自然物质,它的实体和运动规律是自然形成的,是自然界中自发出现的系统。例如,生态系统(自然保护区、原始森林等)和地质资源系统就属于自然系统。人工系统是指人类为达到一定的目的而建立起来的系统,一般包括以下 3 种类型。

(1)工程技术系统:如电子计算机、饭店建筑等;

(2)社会系统和管理系统:由一定的组织所组成,并按一定的制度、规范、程序

等进行活动,如旅行社、饭店、游乐场等;

(3)科学技术系统:是根据人类对自然、社会和思维发展规律的认识而建立起来的体系,如物理学、生物学、旅游管理学等。

现实中,地质公园中单纯的自然系统和人工系统是不多见的,往往表现为复合系统。例如,地质公园管理系统就包括作为自然系统的自然景观和人文景观、娱乐设施、管理网络等人工系统。

2.实体系统和概念系统

由实物组成的系统称实体系统,如山脉、河流、地质等。地质公园属于实体系统。概念系统是由概念、原理、方法、制度、程序等非物质实体所组成的系统,如地质公园景区规划方案、旅游路线设计方案等。地质公园管理系统是实体系统与概念系统的统一。对于管理者而言,地质公园管理系统是概念系统指导下的实体系统;对于理论学者而言,地质公园管理系统是实体系统支持下的概念系统。

3.封闭系统与开放系统

封闭系统与开放系统是按照系统与外界的联系程度,能量、物质、信息交换的频度和依赖性划分的。当系统与外界环境联系紧密,能量、物资、信息交换频繁,则称此系统为开放系统,反之为封闭系统。这里的开放和封闭是相对的,并没有一个绝对的界限。显然,地质公园管理系统应是一个开放系统。

4.静态系统与动态系统

性能与功能不随时间的改变而改变的系统称为静态系统;反之,称为动态系统。静态系统大多出现在确定的、小型的、封闭的某些工程技术系统中,大多数系统为动态系统。旅游管理的实践要求将管理对象视为静态系统与动态系统的统一。视为静态系统是指要谋求稳定,视为动态系统则要求谋求发展。地质公园管理系统应该属于动态系统,要求企业具有很强的动态适应性,随外界环境、内部要素的变化而变化,在变化中求发展。

5.具体的对象系统

当系统按照研究对象而加以区分时,就有各种各样的具体对象系统。例如,若将旅游管理视为一个系统,则可分为饭店管理、旅行社管理、旅游交通管理、旅游商场管理、地质公园管理等具体的对象系统。

(三)系统的整体性

系统的整体性是指系统作为一个整体而表现出来的性质。系统的整体性具有其组成部分在孤立状态中所没有的新特性、新功能和新行为。这是因为组成系统的各要素并不是简单地堆砌或无序地组织在一起的。系统是一个有机的整体,作为一个整体的系统应当具有以下3个性质:

1. 系统的层次性和有序性

任何复杂系统都有一定的层次结构。如旅游管理系统可分为旅游交通管理、旅游饭店管理等子系统,这些子系统还可进一步细分,如饭店管理子系统可分为前厅管理、客房管理、餐饮管理等,这些子系统还可以继续分解。这些错综复杂的联系以及上下左右的层次和结构,有机地、协调地统一在一个复杂的大系统内。

任何一个系统,对其要素来讲是一个整体,对上一层次系统来讲则是一个要素。系统的运动能否有效以及效率高低,很大程度上取决于能否分清层次,层次之间是否有序。

系统的层次性和有序性要求系统的每一层次都应有各自的功能、明确的任务和职责以及权利范围,它是从系统整体的总目标中产生出来的。同一层次的各子系统之间的联系,应当由各子系统本身全权进行。只有在它们不协调或发生矛盾时,才需由上一层次予以解决。系统的多层次功能应具有相对独立性和有效性。上、下层次之间,上一层次只管下一层次,下一层次只对它的上一层次负责。过去在计划经济条件下,管理实务中常常出现层次混乱不清,上一层次过多干涉下一层次,甚至更下一层次的做法,久而久之会严重挫伤下级的积极性、主动性和责任心,或者下层把问题统统上交,其结果是管理失去了指挥的作用。只有上、下关系明确、有序,才能实现有效的管理。现代企业普遍实行的经理负责制或厂长负责制就是从整体系统的层次性和有序性出发的,实践证明,这是切实可行的。

2. 系统的相关性

系统的相关性是指要素之间、要素与系统之间、系统与系统之间彼此相关,互相依存,互相制约,互相影响,构成一个整体。

旅行社之间的削价竞争问题,就是从本质上忽视了要素与系统的相关性。当同一地区个别旅行社报价偏低时,必然会影响别的旅行社的客源,于是整个地区的整体报价一致偏低,导致整个旅行社系统效益减少。目前一些景区存在多头管理、交叉管理、管而不理、理而不管的现象,致使景区效益不佳。根据系统的相关性,我们应该理顺系统各个要素的相互关系,使各要素明确自己的目的以及整个整体系统和别的要素的相互关系。"一个和尚挑水吃,两个和尚抬水吃,三个和尚没水吃。"就说明一个只有三个和尚组成的小系统,如果相互间的关系、目的和职责不明确,这个系统就是没有效率、不完善的。

3. 系统的集合性

要素构成系统,并非简单相加或堆砌,而是一个彼此相互作用的集合。在这个意义上,"1+1=2""1+1>2""1+1<2""1+1<1"四种情况都有可能出现。从地质公园管理来讲,我们希望"1+1>2",即整体大于部分之和。例如,微缩景观"锦绣中华"效益相当不错,但如果再建一个、两个甚至更多,那么就不可能取得

"1＋1＞2"的效益,投入产出的效益会大幅度下降,而适时推出"中华民俗村"则是"1＋1＞2"的设计。

我们在讨论系统的集合性问题时,要注意到系统中最差要素对整个系统的负面影响。水桶原理认为水桶的容量取决于水桶最短木板的长度,中国俗语也有"一只耗子搞坏一锅汤"之说。所以,基于系统的集合性,我们在地质公园管理中必须重视系统中最差要素功能的提高,以免出现"短木板"影响整个地质公园效益,甚至造成"1＋1＜1"的严重局面。

(四)系统整体性原理的主要原则

系统的整体性原理,要求系统有明确、优化的目的,有全局和相互联系的观念,有层次分明的结构,其主要原则如下。

1. 要素作用原则

要素作用原则就是要求各个要素充分发挥作用。旅游业的各个行业、部门、企业和从业人员,以及地质公园景区涉及的时间、空间、资源、信息等都是地质公园管理系统的要素。在这个要素众多的复杂系统中,只有各个要素都充分发挥作用,才能取得最佳经济效益。所以,系统整体不能脱离要素或部分而存在,而是通过要素作用所发挥的功效而存在和发展。一个优秀的管理者,一个高效的管理系统,必须使各个要素充分发挥作用,才能使管理的整体效益达到最优。

(1)要使系统的各要素充分发挥作用。首先,要了解要素的特点,做到量才而用,注意扬长避短。各要素的作用、活力有大有小,并各具特色与优势,只有根据特色,将其安置在最能发挥其优势的地方,才能做到"人尽其才、物尽其用"。例如,如果单纯地模仿深圳,建一些人造景观,那么内蒙古旅游业就不会有多大效益,只有立足于草原风光、民族风情的特色,充分有效地利用现有资源,才能具有旺盛的生命力。其次,要注意要素与要素之间综合作用的规律。原因之一,要素之间的协调将产生重大功效,可以实现整体大于部分之和;原因之二,要素的搭配直接影响要素作用的发挥。要知道,一个人在这一岗位作用甚微,调往另一岗位可能作用很大;在这一时段作用甚微,在另一时段作用可能很大。

(2)要做到要素的合理搭配。这可以从两方面入手:一是采用"互补"的方法。例如,希尔顿饭店集团就不只是经营饭店,它还经营航空业、娱乐业等,形成多要素互补的多元化企业集团。二是采用"一致"的方法。希尔顿饭店集团之所以名声显赫,这与它拥有几百家世界一流饭店是密不可分的。几百家一流饭店联合起来,其宣传作用、竞争能力都得到了显著的提高。

2. 整分合原则

现代高效率的管理,要求系统必须在整体规划下分工明确,在有分工的基础上进行有效的协作,这就是整分合原则。在"整体—分工—合作"这个模式中,整体观念是个大前提,分工是手段,合作是关键。如果对整体工作没有充分细致的了解,分工必然是盲目的、混乱的。只有在整体规划下,进行合理分工,才能实现系统的各层次各要素责、权、利分明,打破无人负责的大锅饭制度,提高效益。分工是要素作用原则的基础。分工并不是现代化管理的终极目标,也不是万能的,它会产生许多新的问题。分工的各个环节,特别是在相互联系方面容易脱节,在相互影响方面容易产生新的矛盾。因此,必须进行有效的组织管理,使各个环节同步协调,有计划按比例综合发展,才能真正实现最优的系统整体效益。

　　旅游业管理系统常见的分工有:按社会功能进行专业化功能分工,如旅行社、饭店、交通、园林、文物等;按自然资源特点进行专业化区域分工,如西安的秦文化游览区、唐文化游览区、明清文化游览区等;按作业程序进行专业化分工,如饭店的前厅总服务台、客房、餐厅等。

3. 封闭原则

　　封闭原则即通过一定的手段构成一个连续封闭的回路。其基本模式为:由指挥中心开始,经过执行路线和监督路线到达接受单位,并将执行情况通过反馈路线反馈到指挥中心。即由指挥中心发出指令,由执行机构执行,并通过监督执行机构准确、迅速、无误地贯彻指令,执行进展情况和信息由反馈机构进行处理,将执行过程、效果与指挥的差距、主要原因及其修正方案一同反馈给指挥中心,供指挥中心决策。所谓封闭原则,实质上就是一个"指令→执行→反馈→新指令"的管理运动,是管理系统不断完善的过程。

　　封闭原则在管理系统中应用十分广泛,例如,合理化建议,从提建议者开始,经审核过程→处理过程→执行过程,最终返回提建议者,构成封闭圈;一个时段的工作或一项重大任务,从计划开始,经由一系列实施阶段,最终返回,与计划对比,并进行总结等。

4. 最佳结构原则

　　地质公园管理系统作为一个开放系统,要求系统结构与外界环境相适应,从整体上保证系统的实力,这就是最佳结构原则。

　　例如,我国古代田忌与齐威王赛马,田忌开始的结构为:

　　　　　　田　上　中　下
　　　　　　齐　上　中　下

这在田忌系统内部可能是最佳结构,但由于齐威王的3匹马均比田忌强,田忌三战三败。后来,他采纳了孙膑的对阵排列:

　　　　　　田　下　上　中
　　　　　　齐　上　中　下

结果一败两胜,从整体上赢得了胜利,这就是系统结构与外界环境相适应的缘故。所以,最佳结构原则要求深入剖析要素的内部结构,把握其特点、状态和规律,广泛应用现代科学手段,寻求最佳结构。

二、主体能动性原理

地质公园管理系统虽然十分庞杂,但究其根本,是由地质公园管理工作者和地质公园从业人员所维系的,它的主体和核心要素是人。人的能动性,具有无可估量的潜力和生机勃勃的创造力,其发挥程度与协调的好坏,直接决定地质公园管理系统运行效率的高低。主体能动性原理,要求每个管理者必须清醒地认识到:要做好整个系统的管理工作,要管理好人、财、物、时间、空间、信息,就必须紧紧抓住人这个核心要素。因此,地质公园管理系统应充分发挥全体从业人员的能动作用,创造一个生动活泼、心情舒畅的工作环境,使全体人员明确整体目标、自己职责、工作意义、相关关系等,主动地、积极地、创造性地完成自己的经营管理目标。

(一)管理系统的主体是人

同样的财、物、空间和信息在不同的人的手里,其作用大不一样。英国学者福尔克在《漫谈企业管理》一书中强调:"管理本质上就是人的问题,这一事实比任何看法都重要。"《社会管理中的人》一书中指出:"人过去、现在和将来永远是社会系统的中心组成部分,是管理的主要客体和主体。"凡事皆需要人来做,人是推动地质公园管理系统运转的基本动力。

资本主义的现代管理,将人作为管理对象的核心,提出了许多关于人的假说。

(1)经济人。这种观点认为人的工作动机是为了获得经济报酬,追求物质利益。

(2)社会人。这种观点认为人的工作动机是为了满足社会需要,如获得组织承认、同事尊重和一定的社会地位等。

(3)自动人。这种观点认为人的工作动机是为了自我实现,充分展示自己,发挥自己潜力。

(4)复杂人。因时、因地、因各种情况而采取适当反应的复杂人。

这四种假说对于充分发挥人在管理系统中的主体功能具有很大的指导意义。在社会主义条件下,人不仅是管理对象的核心,而且是管理系统的主体。这是因为,首先,管理者与被管理者不仅仅是领导与被领导的关系,同时也是同志式的关系,都是企业的主人。其次,被管理者参加管理的渠道是畅通的,社会条件是成熟的,所以完全可以充分发挥作为"主体"的人在管理系统中的各项作用。

(二)人具有能动作用

人在地质公园管理系统中,并不是盲目地、机械地执行各种指令,而是具有能动性,这是因为人的活动是一种自觉活动,具有以下特点。

（1）目的性。人在行动之前就已构想出目标，勾画出蓝图，并直接影响地质公园管理过程的具体行为。

（2）选择性。管理系统中的人往往带有各种需要，管理系统也常常提供多机会。多种需要与多种机会的形成，便构成了多种选择性。

（3）思考性。人在管理实践中，要不断地认识工作环境与工作目标，只有在这个基础上才能以积极的态度投入生产实践。

（4）创造性。地质公园管理系统作为一个新生的、复杂的系统，不可能详细、全面、科学地规定每一个细节，而当人面对具体工作时，则有众多的机会去创造、创新。作为管理者，在自己不断创新的同时，最重要的是挖掘被管理者的创新潜能。

（5）自我调节性。人可以通过自我调节彼此相互适应，也可以通过自我调节与外界环境相适应，以更有效地发挥能动性。

既然人是管理系统的核心要素，又处于主体位置，并且人又具有能动作用，那么作为地质公园管理人员，就必须发挥全体从业人员的能动作用，发挥各级组织、团体的能动作用，开创生动活泼、生机勃勃的局面。

（三）主体能动性原理的主要原则

1.群众路线原则

只有充分代表了群众的利益，反映了群众的意见和要求，集中了群众的聪明和智慧，才可能有正确的、被广泛接受的决策，才可能充分发挥全体从业人员的能动性。

2.能级原则

地质公园管理系统中的人，不仅以类分别，而且以"能"分级。因此，应建立一个合理的人员使用能级，选配具有相应才能的人处于相应能级的岗位，赋予相应的权力、物质利益和精神荣誉，从而形成各尽所能的局面，并实现按劳动取酬。

3.动力原则

主体能动性的高效发挥，需要强大的原动力，以促使人们积极地、主动地、创造性地去完成工作。人的基本动力有精神动力和物质动力。精神动力包括日常的政治思想工作，爱国主义与社会主义教育，理想与传统教育，升职晋级，授予荣誉称号，给予精神奖励，树立先进典型，提供进修学习机会，充分得到了尊重、理解与信任。物质动力包括加薪、奖金、增加物质待遇等。动力原则要求动力应有强大和持久两个特点，这就需要两种动力综合、协调运用，控制"刺激量"，使动力永不减退，永远具有吸引力、新鲜感和鼓舞作用。

4.综合协调原则

综合协调原则即恰当确定群体的能级组合，使人尽其才，实现协调、稳定和最大的输出效应。旅游业的各行各业,各种大大小小的群体,一般都由一些不同层次、不同水平的人组成,各层次间的构成形态如图 3.1 所示。

(a)正三角形　　　(b)倒三角形　　　(c)菱形　　　(d)梯形

图 3.1　不同形态的能级组合

在大多数情况下,正三角形的组织结构较理想,即基本从业人员和初级管理者人数众多,而最具权威的高层专家、高层管理人员最少,由低向高各层次间逐渐递减。同时,综合协调原则还要求,在专业结构、年龄层次、素质与能力搭配等各方面亦要求得到协调、稳定、可持续发展的组合。

5.责任制原则

责任制原则又称分工负责制原则,即职、权、利、责一致。地质公园管理系统中,具有一定职务的管理人员应掌握一定的权力,负有相应的、明确的责任,并可随工作的成绩与失误及时得到恰当的奖励和惩罚。同时,责任要求分工明确,避免相互重叠,责任具体并与"利"密切结合。

三、动态相关原理

管理活动是一个多因素的动态过程,由一系列相互关联的、按时间顺序展开的各个阶段组成。由于管理活动所涉及的各要素无时无刻不在随时空的发展、运动而变化,这就要求在地质公园管理的整个过程中,不断地反馈信息,不断地做出阶段性的具体决策,不断地"以变制变",才能有序地、连贯地完成预定目标。

(一)管理活动具有动态相关性

地质公园管理活动具有动态相关性,主要表现以下两个方面。

(1)地质公园管理系统所涉及的各个要素都始终处于动态变化之中,静止是相对的,而变化是绝对的。例如,地质公园吸引力在变化,地质公园接待能力在变化,从业人员的素质在变化,地质公园市场在变化等。旅游业发展到今天,伴随着现代人德、智、体的全面发展,综合素质的不断提高,人们的旅游动机也在不断变化,对旅游内容的要求也在不断提高。许多旅游者,正由单纯的游山玩水的"参观式"向新颖的"参与式"旅游发展,于是各种特色旅游项目应运而生。由于经济的不断发展,地区间的经济联系日益紧密,商务旅游便成为当今各国旅游业发展的重头戏。由此可见,地质公园管理系统是一个不断发展变化的动态系统。

(2)在地质公园管理系统中,各要素的发展变化不是孤立的,而是相互联系、相互制约的。例如,张家界国家森林公园风景奇特、秀丽,但以前由于交通的"瓶颈"

作用,旅游者进不去,出不来,影响了风景区的经济效益。1994年张家界机场开通以后,香港、广东、上海等地的游客大量增加,效益明显提高。这只是旅游交通对旅游业的影响。地质公园系统内部其他要素对旅游业也有重要影响。例如,2003年的"非典"事件发生后,到中国旅游的国外游客减少了许多。可见,旅游业的六大要素之间是互相影响、彼此制约的。

(二)动态相关原理的主要原则

1.弹性原则

弹性原则一方面要求整个管理系统应具有较强的可塑性和良好的适应能力;另一方面要求地质公园管理总过程中的每一个具体的管理过程在确定目标时留有余地,在对策方面有充分准备,在关键环节上有应变计划,在难点、重点上有足够实力。

弹性原则要求在确定目标时留有余地,但并不是简单的"留一手",降低标准。弹性原则强调的是地质公园管理系统的可塑性提高,应变能力增强。例如,饭店的客房超额预订就体现了一种弹性原则。超额预订就是在饭店订房已满的情况下,再相应地增加订房数量和人数,以弥补因订房不到或临时取消而可能出现的客房闲置所带来的损失。现在一般接待量大的饭店都有一定幅度的超额预订量。

2.反馈原则

反馈是控制论中一个极其重要的概念。任何系统的控制都是通过反馈实现的。管理作为一种控制,必须不断地依据信息制定决策,把决策的执行情况及其效果作为新的信息反馈回来,作为制定新决策的依据,如此循环往复。是否具有灵敏、正确、有力的反馈机制,是影响地质公园管理活动成败的关键,是保持地质公园系统的最佳弹性和增加地质公园系统自我调节能力的关键。

3.动态平衡原则

地质公园管理系统的各分系统、子系统,以及各要素的相互影响、相互作用构成的矛盾运动,充满着整个管理过程。要使地质公园系统的结构、功能和整体利益处于最佳状态,就必须保持各个组成部分的动态平衡。这个平衡,一方面要求各部分的内部运行效益最好;另一方面要求各部分之间的物质、能量、信息和人员的相对平衡流动,相互影响具有正效益,从而实现地质公园整体综合效益最优。

四、目标有效性原理

系统作为一个整体,必须要有一个目标,目标在系统中处于中心地位。地质公园系统各要素的设置、各要素间的配合、各项工作的展开,都必须紧紧围绕着这个中心目标。所以,目标的确定对地质公园系统具有举足轻重的作用。目标有效性原理要求管理者必须有明确、具体的最佳目标,而且目标的实现必须产生最好的效果、最高的效率、最大的效益和最好的投入产出比。目标有效性原理的基本原则如下。

(一)目标动力原则

目标动力原则要求组织的目标必须具有激励因素,能使地质公园的员工产生强大的持久的动力。员工的积极性是地质公园发展生命力的源泉。要使组织的目标具有激励作用,那么目标必须具有以下四个方面的性质:

(1)超前性。人们总是希望经济组织是发展、前进的,如果一个目标失去了它的超前性,它就没有存在的必要。

(2)与一定的效益和利益相联系。人首先是"经济人",因此目标的物质动力因素是人们所必须要考虑的。

(3)辅以一定的奖惩措施。马斯洛的人的需求五层次启示我们,人们在物质满足生存需要后,必然会产生精神需要,因此,辅以一定的奖惩措施,给人以精神刺激是必不可少的。

(4)按时段适当分解。对于整体的目标,可按部分、要素适当分解。通常阶段性目标和本部门的目标是重要的,因为只有"可望且可及"的目标才能成为地质公园发展的优质动力因素。

(二)价值原则

目标的实现,必须体现经济价值和社会价值的最佳结合。在我国,任何片面追求商业价值、经济效益而忽视社会价值的管理都是违背价值规律的。当前生态旅游蓬勃发展,在地质公园开发建设的同时就必须将生态保护放在首位,任何"竭泽而渔""杀鸡取卵"的做法必须禁止。例如,宁夏沙坡头治沙区经过几十年的治理后,已绿树成荫,芳草遍地,这种人类的奇迹吸引了大量的游客,使旅游业收入大增。但沙坡头生态系统还很脆弱,如果游客过多,打破了生态平衡,造成恶性循环,那么几代治沙工作者辛勤劳动的成果也将付之东流,沙漠必将以更快的速度继续扩展,楼兰古城的悲剧也许将会重新上演。

(三)有效原则

地质公园管理工作是否有效和效果如何,是检验管理成败的关键。管理工作,必须实现最小的投入得到最大的产出,必须实现地质公园员工素质的综合提高、精神环境和物质环境的改善,这样才能称之有效。"有效"应该是可量测、可核实的;应该是横向比较和纵向比较的结合;应该是"部分"的有效,"部分"之间相互作用的"有效";应该是运行、控制、反馈和监督的"有效"和"整体有效"的综合。

地质公园建设开发与管理的目标是否有效,最主要是由运行管理实践来检验的。检验可分两类:一类是定性检验。例如,阶段管理目标使地质公园具有良好的声誉和形象。北京长城饭店就曾利用美国前总统里根访华之机,大搞公关活动,促成里根在长城饭店召开新闻发布会,新闻发布会的成功举行使长城饭店名声大振,实现了创造旅游企业良好的声誉和形象的目标。另一类是定量检验,例如,检验地质公园的总收入是否提高,旅游者人数是否增加,旅游者逗留天数是否延长等。

(四)定量分析原则

系统的目标必须是可量测的、可核实的。目标是否有效,有效程度如何,必须进行定量分析。定量分析就是要求对地质公园管理工作的各个部分、各个环节的总目标和分目标的效益与效果进行严格、科学的考核。

只有经过科学的定量分析,找出成功与失败的原因、问题的关键,不断地反馈、改进,方可保证目标有效,各个阶段性目标顺利达成,从而实现地质公园蓬勃发展。

第四章

地质公园旅游资源

第四章

地质公园旅游资源

第一节 地质景观资源的成因及功能

内力的隆起和外力的侵蚀，内力的下沉和外力的堆积，总是彼此相互联系相互制约的，在一定程度上是协调发展的。但是，在不同地区、不同时间和不同的时空结构层次中，各种内力和外力的组合、配合形式各不相同，因而地貌形成发育的过程、方向、规模和表现形式等也不一样，这便导致了地貌类型的多样性和地貌的区域差异性。地质作用及其遗迹可直接形成旅游景观，地质作用过程中形成的典型地层剖面、构造遗迹、古生物化石、火山遗迹及地震遗迹都可直接作为旅游资源加以开发利用。

一、地球自身演变历史与地质景观

（一）地球的圈层结构

地球的圈层结构孕育了不同类型的旅游地学景观。地球圈层可分岩石圈、水圈、生物圈和大气圈。随着科学技术的发展，人类旅游活动范围不断扩大，在其所涉及的地球各圈层中，均可形成不同类型的旅游地学景观，如地质与地貌旅游地学景观、江河湖瀑等水体旅游地学景观、动植物旅游地学景观、气候旅游地学景观等。

（二）地球自身演化历史

地球自身演化历史决定了旅游地学景观的内容。当今的自然环境是地球自然演进中的一幕。在地球数十亿年漫长的历史长河中，地球的自然景观循序渐进地发生着演替。在地质时代早期，地球还是一个没有生命的以海洋占绝对优势的行星。直到距今6亿～4亿年前的早古生代时期，地球上的生命——无脊椎动物才在海洋里空前繁殖，而陆生植物数量很少，地球仍是一个显得没有生气而宁静的世界。到距今4亿～2.25亿年前的晚古生代时期，地球自然演化进入了一个新的阶段，这时，地球陆域面积迅速扩大，陆上裸蕨和蕨类组成的森林繁茂，大地第一次披上绿装，呈现了万木参天、密林成海的郁郁葱葱的景象。在距今2.25亿～0.7亿年前的中生代时期，陆地面积空前扩大，地形高低起伏，气候条件也远比海洋占优势的时代要复杂得多，而生物则第一次以苏铁、银杏、松柏为代表的裸子植物组成森林，以高大的恐龙为代表的爬行动物统治世界。距今7000万年前的新生代，特别是距今200万年前的第四纪以来的地球演化，对现代自然景观的形成具有划时代的意义，它奠定了现代地貌宏观格局和现代行星风系，促进了比以往地质时期更为复杂的地表形态结构、气象气候条件、河流大川和植物动物的形成。这些新近的自然产物决定了当今自然环境的面貌，实际上也控制着现代自然旅游资源所能展示的内容。

二、地质作用与旅游景观

(一)地质作用是旅游景观形成的动力

地文景观的形成与地质作用密切相关。地壳自形成以来,就一直处于运动变化之中,没有一种岩石、构造、地貌是固定不变而仍然保持其形成时面貌的,所谓"沧海桑田"正是对这种巨大变化的描述。地质作用按其能量来源可分为两种:内营力作用和外营力作用。多种多样的地表形态是在地球内营力和外营力相互作用下共同塑造而成的。内营力主要表现为地壳运动、岩浆活动等方面。其中地壳的垂直、水平运动对地表形态的影响尤为显著,地壳大规模的抬升和沉降运动常常形成巨大的隆起和凹陷,在地貌形态上表现为高大的山地与高原和深切的谷地与盆地。因此,内营力作用塑造了地球表面基本的构造形态,增加了地表的高低起伏。外营力的侵蚀、搬运、堆积等作用过程对高起的地表进行夷平,对凹陷的盆地进行填高,总的趋势是削高填低,降低地表的起伏,使地表趋于和缓。

伴随着地貌起伏形态的形成,地文景观现象也随之出现。如隆起的山脉地区往往出现断裂、节理、褶曲等地质构造形迹,并有岩浆活动和变质作用发生;而相对沉陷地区堆积深厚的地层,富含动植物化石。沉陷作用甚至可以导致海侵现象,使原来的沿海丘陵变为岸外岛屿。风、水流等外营力的侵蚀、堆积作用可形成独特的蚀余地貌(残留下的地貌)、沙石堆积地貌,且在一定岩石岩性的配合下可形成独特的象形山石地形,具有很强的观赏性。在岩溶、重力崩塌以及地面塌陷作用下,可发育成各种洞穴、天坑等自然奇观。

(二)地质构造与岩石是旅游景观形成的基础

地质构造的特征是地壳运动及演变的结果,它们对自然旅游资源的景观类型与形成具有一定的控制作用。按板块构造的观点,全球地壳可分为六大板块,各个板块构造的不同部位形成不同的旅游地学景观。例如,太平洋板块与欧亚板块俯冲带,形成火山与地震运动较密集的阿留申群岛—日本群岛—琉球群岛—菲律宾群岛俯冲带,旅游景观多以海洋、岛屿、火山、温泉为主;印度板块与欧亚板块的碰撞带,形成地壳厚度最大的青藏高原,旅游景观以高山、冰川为主。

从陆壳的大地构造单元看,不同大地构造历史与地质环境形成各具特色的旅游地学景观。例如,地台区,地壳稳定,地层平缓,形成砂岩峰林、岩溶峰林、黄土高原等旅游景观;地槽区,造山运动剧烈,形成高山冰川、峡谷湍流等自然旅游景观。

空间小尺度地质构造及岩石为旅游地学景观的形成提供了物质基础。特定的地层、岩石与小尺度的地质构造相结合,形成了特定的自然景观,例如,只有在产状平缓、节理发育的砂砾岩地层分布区才可能形成奇峰异石的丹霞地貌旅游景观,只有在坚硬的花岗岩及其冷凝过程中产生的节理基础上才能形成以险峻为特色的华山等。

三、自然地理环境与地质旅游景观

(一)自然地理环境差异性决定着地质旅游景观的分布与特色

地理环境各圈层之间不断进行着元素的迁移,以及物质与能量的交换,使地理环境在相互联系、相互制约的基础上形成一个整体。但地理环境整体性并不等于均一性,它的各个组成部分存在差异。正是这种自然地理环境差异性决定了旅游地学景观的分布呈地带性,形成旅游地学景观特色,才促使旅游活动的发生。例如,由于热量和水分等多种因素对地表的不同作用,世界大陆可由赤道向两边分出多个自然带,包括热带雨林带、热带稀树草原带、热带荒漠带、亚热带森林带、温带荒漠带等,不同自然带分布着与之相适应的不同的自然旅游资源。例如,我国华南地区是典型的热带雨林景观,南岭以北、秦岭—淮河以南为亚热带常绿阔叶林景观。

(二)区域综合自然地理环境对地质旅游景观的形成有着重要作用

区域自然地理环境反映着整个地球表面所有自然要素的结构、成因、动态和发展规律。这些自然要素包括地质、地貌、水文、气候、土壤、植被等,各种自然地理要素相互联系、相互制约,对区域内自然旅游资源的形成非常重要。例如,黄山自然旅游景观"四绝"——奇松、怪石、云海、温泉——的形成,主要由于黄山区是构造节理发育的花岗岩地貌,具有暖湿的气候,茂盛的植被,特定的泉水涌出水文条件。反之,没有暖湿的气候,也就没有满山的奇松,没有构造节理强烈发育的花岗岩及其地貌,也就没有怪石和温泉,所以在研究旅游地学景观形成时,一定要注意综合自然地理环境的重要作用。

(三)自然地理环境各要素及其组合可直接形成独具特色的旅游地学景观

自然地理环境中地貌、水体、气候、动植物都可直接形成独具特色的旅游地学景观。以水体为例,地球水体分为海洋水体和陆地水体,陆地水体包括河流、湖泊、瀑布,它们均可直接形成风格各异的旅游资源。河流由于不同水文特征,往往河源神秘莫测,上游急流峡谷众多,中游波涛滚滚,下游河汊众多,水网密布,形成不同的景观。湖泊可根据其成因分为堰塞湖、火山湖、构造湖、岩溶湖等,可开展观光、体育运动、疗养健身等。自然地理环境各要素可以相互结合,共同形成自然体。以山地旅游资源为例,山地与水体、气候、生物相组合,共同构成一幅大自然审美画卷。山为水之筋骨,水为山之血脉,植被为山之肌肤,动物为山之生机,气候为山之氛围,共同组合形成资源体,吸引游人前来。

四、地质公园的旅游功能

（一）审美功能

地质公园中的地文景观以其雄、奇、险、幽、旷等形态美和多样的色彩美而展示其特有的美感，成为旅游中重要的审美对象。地文景观的形态美，是指地质地貌的形态与空间形式的综合美，其中也包含主体在审美过程中产生的生理和心理感受。从古至今，人们对于自然景观的形态美有着各种不同的评价，并从中概括出雄、奇、险、幽、旷等形象特征来描述人们对各种各样的景观美的感受。随着季节变换，昼夜交替，阴晴雨雪，自然风物相映生辉，呈现出丰富奇幻的色彩。地文景观的色彩既可由岩体本身颜色所形成，还可通过植被、气象条件等其他因素的渲染而显现。如以山色叫绝的丹霞山，构成它的红色砂、砾岩呈现出绚丽的色彩，远看似染红霞，近看五彩斑斓，令人称奇。所谓"山色空蒙"是对细雨之中烟雾弥漫、朦胧淡雅山色的描述，"太白积雪"则因覆盖其上的皑皑白雪而展现出沉寂神秘的境界。植被随着一年四季的更替，为山地换上了各色不同的衣服，使山地更加妩媚动人：春天万木抽芽，烟波弥漫；夏天枝繁叶茂，碧海无涯；秋天树色骤变，层林尽染；冬天银装素裹，天地一色。色彩美赋予了地文景观以变化和生机，让人们可以领略到不同风格的美景，获得不同的审美感受。

（二）科普教育功能

地文景观旅游资源是地球内、外动力地质作用的综合产物，是大自然的杰作，它们的形成、发展都有一定的规律性，并蕴含着一定的科学原理。人们在观赏过程中既得到美的感受，又能认识一些科学事物，学到新的科学知识，受到教育的启迪。例如，登华山不仅能亲自体验华山之险，挑战自我，而且更能理解华山之险是如何形成的；去广西桂林和云南石林游览，既可欣赏到秀美的山石景观，又可从中懂得喀斯特地貌形成的原理；看了断层、褶皱等地质构造特征，比较容易了解地壳的运动知识；参观生物化石，可以认识地质历史时期生物的演化和环境的变化；访问滑坡、山崩、地震遗迹可增长地质灾害知识，提高公众防灾意识。因此，这些典型地区也就成了科学考察的对象和大众的科普教育基地。

（三）探险运动与康体健身

许多名山大川的主峰，沟壑洞穴的深处，都不乏险峻摄魂之处，因此，常常吸引一些富有冒险和挑战精神的游人特别是年轻人前去进行探险活动。"无限风光在险峰"，若想领略这些以险为美的景观，就必须历尽艰险。因此，很多山地尤其是比较险峻的高山成了人们登山健身、攀岩探险、挑战极限的场所。亚洲的喜马拉雅山、欧洲的阿尔卑斯山、非洲的乞力马扎罗山等世界名山，每年都吸引了许多登山者前往，其中既有专业队员，又有普通的登山爱好者。通过登山，攀登者可以体验遭遇惊险、艰难而后战胜困难的乐趣。征服高山，攀登者可达到超越自我、升华精神的境界，获得一种独特的自我实现感受和审美感受。另外，不同的地貌条件还可以为一些体育活动的开展提供条件，如陡峭的悬崖可用于开展野外攀岩比赛，相对复杂的地形可用于野外定向越野运动等。

（四）文化传播功能

地文景观不仅是单纯的自然景观，而且还具有深厚的历史文化内涵，这为自然旅游资源的深度开发提供了条件。我国古代文人墨客多有寄情自然，借助书画来抒发自己情怀、志向的传统，因此，凡名山大川，多留有古人诗词题赋。流传下来的许多千古名句和壮美的诗篇，为自然景观增添了几分神韵和意境。如明代大旅行家徐霞客两次登临黄山，前后著文记之，以"五岳归来不看山，黄山归来不看岳"的溢美之词，盛赞"黄山天下奇"的独特景象；杜甫《望岳》一诗中"会当凌绝顶，一览众山小"两句，更加突出了泰山雄伟壮观的形象。这些脍炙人口的名篇佳句为自然景观注入了灵魂，强化了景区的文化氛围，让自然风景之美更加深沉、持久而熠熠闪光。

五、地质景观对旅游开发的影响

地表形态复杂多样、千差万别，直接为人类提供了丰富的地文景观类旅游资源，如奇险的崇山峻岭、深奥莫测的洞穴、连绵起伏的丘陵、沃野千里的平原等。此外，地质地貌条件作为自然环境的重要组成部分，会影响其他自然景观的形成，并且对某些人文景观的形成也有一定的影响。地文景观作为地理空间的物质基础，对区域旅游活动的开展具有规定和限制作用。

（一）决定旅游活动开展的难易程度

任何旅游活动都是在一定的地理空间中进行的，因此地质地貌条件构成了旅游活动开展的物质基础。首先，不同的地貌条件影响着旅游活动的类型，决定着旅游项目的选择和兴建。如平坦的平原适于城市和各项旅游基础设施的建设，为开展都市旅游提供了便利的条件；广阔的海域和沙滩为沿海发展海滨旅游提供了先决条件；高峻起伏的山地，由于拥有丰富的动植物资源和特有的气候条件，适于人们开展旅游观光和攀登探险活动。其次，地质、地貌条件影响旅游开发条件和旅游可进入性。崎岖陡峻的山地，建设基底狭窄，基础设施建设难度大。同时由于坡度大，平坦区域面积小，景区的容量一般也较小。因此，发展我国山区旅游，改善交通和基础设施条件应是首先要解决的问题。此外，某些现代地质地貌变化过程会对旅游带来不利的影响，甚至可能导致灾害的发生，如滑坡、崩塌、泥石流、水土流失等，会给旅游环境、旅游交通及旅游资源等带来破坏，影响旅游活动的开展。因此，必须对灾害性地质地貌过程进行防治。

（二）形成重要的构景要素

自然界许多特殊的地质现象、奇异的地貌形态及过程，由于其对旅游者具有强烈的吸引力而成为旅游资源的重要组成部分。地质地貌可以单独构景，甚至有的地文景观还成为旅游景区的主景。如云南石林是 2 亿多年前的海底石灰岩层，经地壳运动、海水与风雨侵蚀形成的宏大奇特的喀斯特地貌景观。景区内峰林屹立，万峰叠嶂，千姿百态的石峰、石柱、石花、石坪犹如一片黝黑的森林，被誉为"天下第一奇观"，向世人展现了其独特的风采。还有西岳华山、千沟万壑的黄土地貌等均是地质景观类旅游资源，举世闻名的长江三峡和巫山大宁河小三峡都是河流侵蚀形成的河谷类地貌景观。可见，地貌不仅是风景的基础和骨架，而且在一定程度上也起到了主景的作用。

另外，在一些景区内，作为主景的并不是地质地貌的形象和造型，但由于有了这些地文景观的合理搭配，却可以起到很好的烘托作用，从而强化了主景的美学特征，使林更秀、水更美、园林更自然和谐。如杭州西湖风景区，虽然吸引游人的内容很多，但主景是西湖水面，并以此形成闻名遐迩的"西湖十景"。同时，西湖周围的山地对整个景区的秀丽之美起到了重要的烘托作用。北面的宝石山、葛岭，南面的夕照山，西面的丁家山等许多山峰，遥相对峙、群峰凝翠，使得西湖湖山映衬，相得益彰，另外群山中还有许多山涧小溪、泉水、洞穴，使得西湖美景锦上添花。

（三）体现旅游地的总体特征及观赏效果

在自然景观的构成中，地质地貌作为风景的骨架和载体而存在，而植被、水文、气象等要素往往起到附加修饰的作用。地质地貌要素一般体量大，视觉敏感性高，不同的地质地貌类型所形成的旅游空间和景观构图，往往具有很强的视觉感染力。据研究，在海岸型、湖川型、山岳型等自然风景类型中，地质地貌条件对风景质量具有较高的贡献率，独特的地质地貌往往可形成优良的自然景观，并体现风景的总体特征。如西岳华山的"险"，这一特征主要缘于华山高大、险峻的地貌特征。华山是新生代时期岩浆侵入形成的花岗岩岩株，经喜马拉雅造山运动抬升，出露地表剥蚀而成。花岗岩的强抗蚀能力、垂直节理发育，加之山体周围的断裂存在，使得华山以 2154.9 米的海拔高度耸立于关中平原，且壁立千仞，地势险峻，最终成就了华山险境。峨眉山以"巍峨奇秀"著称，"叠叠雄峦，高插云天，奇峰挺拔"的地貌特点加以翠绿植被决定了这一特征的形成。清代学者魏源描述我国五岳的总特征为："恒山如行，岱山如坐，华山如立，嵩山如卧，惟有南岳独如飞"，这实际上是从大尺度地貌形态上对五岳特征进行的概括。

第二节 地质公园地文旅游资源

一、岩浆岩旅游景观

(一)花岗岩景观

1.形成机理

花岗岩是深成的岩浆岩,是由地下深处炽热的岩浆上升冷凝而成。其凝结的部位,一般都在距地表3千米以下。花岗岩岩浆冷凝成岩并隆起成山,大致可分为以下几个阶段。

(1)冷凝成岩和深成阶段。花岗岩岩浆从地下深处向上侵入,到达地壳的一定部位(一般在距地表3千米以下)而冷凝结晶,形成岩体。在冷凝结晶的过程中其体积要发生收缩,从而在花岗岩体中产生裂隙,即"原生节理"。花岗岩中的原生节理一般有三组,彼此近于垂直,三个方向的节理把岩体切割成大大小小的近似的立方体、长方体的块体。这些节理裂隙则在地壳运动的作用下,部分发育成为断裂构造。

(2)升到接近地表风化阶段。花岗岩岩体接近地表,地下水作用增强。在地下水作用下,花岗岩中的主要矿物长石变成了黏土矿物。这种变化最易发生的部位是被原生节理切割成的立方体、长方体的棱角处。久而久之,被原生节理切割而成的立方体、长方体,就变成了一个个不太规则的球体,称为"球状风化",形成的球形岩块称为"石蛋"。

(3)继续上升出露地表,形成山地并接近剥蚀阶段。在这个阶段中,根据上升的速度可分为两种情况。第一,慢速上升缓慢剥蚀。花岗岩体出露地表后会继续上升,上升速度较慢时,花岗岩体会隆起成为低矮的丘陵。在这种情况下,花岗岩风化壳受到的侵蚀作用较弱,粗大的"石蛋"则会残积在原处。如果地处湿热的气候带,在很厚的风化壳中"石蛋"会相互垒砌起来,并形成由"石蛋"垒砌而成的山丘,地貌学上将这种地貌形态称为"花岗岩'石蛋'地貌",如厦门植物园中的万石岩就是这种地貌的典型代表。第二,快速上升强烈剥蚀。花岗岩出露地表并快速上升成为高峻的山峰,流水的侵蚀冲刷能力增强,将花岗岩基岩上的风化壳和"石蛋"几乎全部冲刷掉,流水继续沿近于直立的节理、断裂冲刷、下切,将花岗岩体切割成一个个陡峻的山峰,只有在很少的山峰顶部还残留有"石蛋",地貌学将这种地貌形态称为"花岗岩峰林地貌"。

2.典型案例

1)三清山世界地质公园

三清山及其周边地区,从中—新元古代开始有岩浆活动,以中生代燕山期岩浆活动最为频繁和强烈,花岗岩呈"两带三型"特点,形成一个具有典型意义的花岗岩田。

中—新元古代 M 型大洋斜长花岗岩,混杂分布在三清山北部的西湾变质橄榄岩中,据舒良树等(1995)的研究,这是蛇绿岩套中的基性组分分异产物。在西湾变质橄榄岩与千枚岩之间的断层接触带上,见有高压变质的蓝闪石片岩。

燕山期花岗岩具"两带三型"特点。

"两带",即北带铜厂—银山构造岩浆带,为中晚侏罗世中酸性浅成斑岩—潜火山岩带,这类岩体呈小岩株、岩瘤产出,地貌以负地形为特征;南带为怀玉山—灵山构造岩浆带,展布于怀玉山区及其东南侧,为白垩纪花岗岩带,主要由灵山、怀玉山两个岩基组成,据地球物理资料,二者深部相连,形成怀玉山脉,是重要的成景岩石。

"三型",指三清山地区出露有三种不同成因类型的花岗岩,即"Ⅰ型""S型""A型"。时代由早至晚,成因类型依次为Ⅰ型—S型—A型,岩石成分总体向超酸偏碱性方向演化。

2)黄山世界地质公园

首先,从岩石角度看,它是由坚硬的花岗岩组成的。随着地壳构造运动,花岗岩体不断抬升形成了高山。其次,构造运动又使岩石发生断裂、破碎,后来流水、冰川沿裂隙进行切割,就这样形成了悬崖陡壁。再次,风化作用又像技艺精湛的石匠,用神斧仙刀把断裂切割的花岗岩修饰成了各种奇特的形态。最后,冰川的特殊作用。在第四纪时,我国是一个冰天雪地的世界,这时的黄山也是冰雪的海洋。在山岳区域,由冰雪形成的河流缓慢地流动着,它像传送带那样,携带着沿途的石块;而冰川的刨蚀作用,像一把大的开山斧,将黄山铲、刨、刮、磨,雕刻成独特的冰蚀地形。在天都峰陡峭的山峰下,高高悬挂的簸箕状冰斗,就是冰川在向下流动时,挖刨成的斗状凹坑。

3)天柱山世界地质公园

天柱山兼具着山之雄、峰之峻、洞之幽、崖之险、石之怪与水之秀,集花岗岩之美于一身,值得反复品味。天柱山的花岗岩地貌可以用三句话来概括:"神"造秀峰,"天"垒奇景,"地"设巧石。"神"造秀峰指的是这里的峰林景观;"天"垒奇景则形容花岗岩崩积景观;"地"设巧石则对应天柱山以"石蛋"为典型的象形石景观。这三种花岗岩地貌的组合加上峡谷和水文地质景观,共同形成了天柱山区别于其他花岗岩地貌的识别码,具有独特的魅力。2010年国土资源部发布的地质遗迹分类表中,将这种类型的花岗岩地貌命名为"天柱山型",这里也成为"天柱山型花岗岩地貌"的命名地。天柱山世界地质公园的峰林景观主要分布在天柱山主景区。天柱山拥有千米以上奇峰几十座,组成气势磅礴的连绵峰峦。根据其形态的不同,可分为柱状峰、锥状峰、穿状峰和脊状峰。群峰之间峡谷幽深,峰体以及峡谷两侧绝壁常常有奇松怪石相缀。季相变换,景区常有佛光、紫气、日出、日落、云海、晚霞、雾凇和雪霁等奇观出现。

(二)玄武岩景观

1.形成机理

玄武岩属于喷出岩,是地下岩浆在内力作用下,沿地表薄弱地带喷出地表冷凝而形成的岩石。玄武岩的矿物结晶颗粒细小,有的有流纹或气孔构造。火山爆发流出的岩浆温度很高,因有一定的黏度,在地势平缓时,岩浆流动很慢,每分钟只流动几米远;遇到陡坡时,速度便大大加快。它在流动过程中,携带着大量水蒸气和气泡,冷却后,便形成了各种奇异的形状。

玄武岩的多孔构造可形成具有观赏价值的岩石。熔岩流沿着原地形基础奔泻而下,可形成多种旅游景观,诸如熔岩绳、火山石海、火山锥、熔岩舌、熔岩瀑布、熔岩波涛、熔岩隧道等。另外,熔岩流流动过程中,外表已冷却凝固,中间岩流仍继续流动溢出,便形成中空的洞,又称熔岩洞。

2.典型案例——五大连池世界地质公园

五大连池世界地质公园是新期火山熔岩流形成的石龙熔岩台地,其表面有保存完好的熔岩流动形迹、火山喷气形迹(喷气锥等)及裂隙塌陷构造等。熔岩流分为2种:结壳熔岩流和翻花熔岩流(渣块熔岩流),后者约占熔岩台地面积的1/3。结壳熔岩和翻花熔岩常构成同一熔岩流的上游和下游,或者翻花熔岩构成熔岩流的边缘,结壳熔岩构成熔岩流的主干。石龙熔岩台地保留了由多次火山溢流形成的流动单元,每个流动单元厚度0.5~5米不等。老黑山的熔岩流动单元达17个,火烧山的熔岩有7个流动单元。由于岩浆溢流量依次减小,由边缘向火山口逐渐后退,使每个流动单元之间有1~2米高的台阶,远看如层层梯田(季绍新 等,1999)。旧期熔岩台地由于侵蚀和掩盖已见不到这些形迹,但在西龙门山有大面积"石塘"(块状熔岩流)。

1)结壳熔岩

结壳熔岩是最流畅熔岩流的形态,其特点是管灌式输送,表面比较平坦,可能覆盖着绳状表面和圆丘形外观。形成圆丘形外观的穹状物和脊状物,是流动熔岩注入固化地壳后熔岩流表面膨胀造成的。熔岩流表面不规则的隆起会留下被称作"熔岩穹穴"的多处凹陷。因此,五大连池的结壳熔岩被确定为膨胀的或圆丘形结壳熔岩。五大连池结壳熔岩具有丰富的形态特征,有象鼻状熔岩、爬虫状熔岩、绳状熔岩、波状熔岩、馒头状熔岩、木排状熔岩、熔岩坪、熔岩河、熔岩裂隙、熔岩瀑布、胀裂丘和胀裂等。其中,比较典型、分布普遍的是爬虫状熔岩(石龙),其在老黑山北侧溢口广泛分布,尤其在熔岩陡坎前缘处及较低洼处更为发育,这是由于岩浆在地表流动过程中,随着温度降低、黏度增大,最终在熔岩岩流前端或边缘形成小的趾状分支,凝固后形似爬虫。绳状熔岩是熔岩流表层固结后,局部受到内部熔岩流动推挤、扭动、卷曲而成。这些绳索构造呈弧形弯曲或链形排列,弧顶指向熔岩流动方向。绳束直径可达 5～60 厘米,单绳直径可达 2～10 厘米。绳状熔岩还可见于熔岩洞穴底部。

2)翻花熔岩(石海)

翻花熔岩又称渣块状熔岩,由大小不等、表面粗糙不平的岩渣状碎块组成。其主要由于熔岩流前峰冷凝或地形变化而受阻,流速变缓,后部岩流继续向前运动,推挤前锋,造成半固结外壳破碎、褶皱并继续运动而形成。翻花熔岩常位于结壳熔岩(熔岩流)的前端部位。翻花熔岩前缘陡坎形态特征非常明显,表现为厚度、块体直径、表面起伏逐渐增大等特点。在老黑山和火烧山周围有大片的翻花熔岩分布,远远望去犹如波涛汹涌的大海,近看又怪石嶙峋,千姿百态。

(三)流纹岩景观

1.形成机理

流纹岩是由花岗质岩浆喷出地表冷凝形成,因经常发育流纹构造而得名。流纹岩一般呈规模不大的火山穹丘和岩流产出,熔岩流产出有限,而大面积分布、具流动构造的酸性火山岩,主要是熔结凝灰岩,呈穹丘和岩墙状。

2.典型案例——雁荡山世界地质公园

雁荡山世界地质公园于 1.2 亿年前白垩期火山活动喷发形成,经历了早期火山岩流与碎屑喷发—火山塌陷—复活穹起—晚期火山碎屑喷发—晚期破火山口形成—岩浆侵入的演化过程。形成的岩石以流纹岩及凝灰岩为主,都是浅色、坚硬、较难风化的岩石,再经多次构造运动,使断裂与垂直节理发育,便形成了多种旅游景观。

雁荡山是亚洲大陆边缘巨型火山(岩)带中白垩纪火山的典型代表,是研究流纹质火山岩的天然博物馆。雁荡山一山一石记录了距今 1.28 亿年前至 1.08 亿年前间一座复活型破火山演化的历史。雁荡山地质遗迹堪称中生代晚期亚欧大陆边缘复活型破火山形成与演化模式的典型范例。它记录了火山爆发、塌陷、复活隆起的完整地质演化过程,为人类留下了研究中生代破火山的一部永久性文献。

雁荡山破火山是酸性岩浆经爆发、喷溢、侵出及侵入形成的。其产物涵盖了不同岩相的岩石,包括地面涌流堆积、火山碎屑流堆积、空落堆积、基底涌流堆积和流纹质熔岩、岩穹、次火山岩等。其岩石地层单元、岩相剖面、岩流单元及岩石结构均十分典型。它几乎包括了岩石学专著中所描述的流纹岩类各种岩石。雁荡山以锐峰、叠嶂、怪洞、石门、飞瀑称绝,奇特造型,意境深邃,无不令人惊叹,素有"寰中绝胜""天下奇秀"之赞誉。

二、沉积岩旅游景观

(一)喀斯特地貌景观

1.形成机理

在可溶性岩类(主要指石灰岩)分布地区,由于喀斯特作用而形成的地表和地下的各种地貌形态总称为喀斯特地貌。

我国喀斯特地貌广布于全国,其中广西、贵州和云南东部地区有大面积连片分布,这里气候炎热,降水丰富,石灰岩厚度大、质地纯,形成了世界上最大的喀斯特风景区。喀斯特风景区可开展多种旅游活动,主要发展观光旅游、洞穴探险、峡谷漂流、悬崖攀登、科学考察和考古,以及洞穴医疗和疗养旅游等。

喀斯特地貌岩溶景观分为地表和地下两个部分。

(1)地表岩溶地貌景观:主要包括溶沟、石芽、石林、岩溶漏斗、落水洞、天坑、岩溶洼地、岩溶盆地、干谷、盲谷、峰丛、峰林、孤峰等,最有观赏价值的景观主要是石林、峰丛、峰林、孤峰和天坑。

①石林。地表水沿可溶性岩坡面流动,溶蚀侵蚀的凹槽为溶沟,溶沟之间残存的石脊突起称为石芽,大型的石芽称为石林。石林高度较大,呈柱状、锥状、塔状、笋状、剑状、菌状等。昆明市石林县的石林是中国四大自然奇观之一,相对高度一般为20米,最高达50米,景观十分秀美,是世界上最具多样性的石林喀斯特形态。

②峰林、峰丛、孤峰。岩溶区形成的山峰,按形态特征分峰林、峰丛和孤峰。峰林是指山峰的基部分离或微微相连的石灰岩山峰。峰丛是山峰基部相连的峰林,相对高差一般为200~300米。孤峰是孤立的碳酸盐岩石山峰,相对高数十米至百余米。

③天坑。天坑是一种特殊的岩溶地貌,是地下暗河长期溶蚀和冲蚀碳酸盐岩层,而引起岩层及地下大厅坍塌的地质奇观。我国是世界上天坑规模最大和数量最多的国家,重庆奉节小寨天坑是世界迄今发现的最大天坑,被誉为"天下第一坑"。

(2)地下岩溶地貌景观:主要包括地下河、地下溶洞和洞穴化学堆积物。地下河指地下水沿可溶性岩层面、节理和断层等裂隙溶蚀侵蚀,扩大而形成的地下水排泄通道。溶洞是指地下水沿可溶性岩的裂隙溶蚀侵蚀,扩大而成的地下空间。地下岩溶地貌景观最有观赏价值的是洞穴化学堆积物,主要有石钟乳、石笋、石柱、石幔等。石钟乳是指悬挂于洞顶的倒锥状碳酸钙沉积;石笋是指由洞底向上增高的锥状、塔状、盘状等碳酸钙沉积,形如竹笋;石柱是指石钟乳和石笋相对生长,二者相接形成的柱状碳酸钙沉积;石幔是指薄层水从洞顶或洞壁裂隙中漫流流出,产生的片状、波状、褶状沉积,形如帷幔。

2.典型案例

1)云南石林世界地质公园

云南石林世界地质公园位于云南省昆明市石林彝族自治县境内,占地总面积400平方千米,主要地质遗迹类型为岩溶地质地貌,素有"天下第一奇观""石林博物馆"的美誉。

石林因其发育演化的古老性、复杂性、多期性和珍稀性以及景观形态的多样性,成为世界上反映此类喀斯特地质地貌遗迹的典型范例和"石林"二字的起源地,并具有很高的旅游地学科普价值。云南石林保存和展现了多样化的喀斯特形态,高大的剑状、柱状、蘑菇状、塔状等石灰岩柱是石林的典型代表,此外还有溶丘、洼地、漏斗、暗河、溶洞、石芽、钟乳、溶蚀湖、天生桥、断崖瀑布、锥状山峰等,几乎世界上所有的喀斯特形态都集中在这里,构成了一幅喀斯特地质地貌全景图。

云南石林世界地质公园也是首批中国国家重点风景名胜区、中国国家地质公园、世界地质公园,与北京故宫、西安兵马俑、桂林山水齐名。

2)兴文世界地质公园

兴文世界地质公园位于四川省宜宾市兴文县,地处四川盆地南部与云贵高原过渡带,由小岩湾景区、僰王山景区、太安石林景区、凌霄山景区组成,面积156平方千米。

公园内石灰岩广泛分布,特殊的地理位置、地质构造和气候环境条件形成了兴文式喀斯特岩溶地貌,是国内最早对天坑研究和命名地,也是研究西南地区喀斯特地貌的典型地区之一。兴文世界地质公园是研究喀斯特地貌形成、发展、演化的天然博物馆,也是一部普及岩溶地学知识的百科全书。

兴文世界地质公园内保存了距今约4.9亿年前—2.5亿年前各时代的碳酸盐或含碳酸盐地层,地层中含有极其丰富的海相古生物化石和沉积相标志。公园内各类地质遗迹丰富,自然景观多样优美,历史文化底蕴丰厚,洞穴纵横交错,天坑星罗棋布,石林形态多姿,峡谷雄伟壮观,瀑布灵秀飘逸,湖泊碧波荡漾,各类地质遗迹与神秘的僰人历史文化和浓郁的苗族文化共同构成了一幅完美的自然山水画卷。

公园于2005年2月被联合国教科文组织批准为世界地质公园。

(二)丹霞地貌景观

1.形成机理

丹霞地貌景观指中生代侏罗纪至新生代第三纪形成的红砂岩地层,以红色粗、中粒碎屑沉积的厚层岩为主,在近期地壳运动间歇抬升作用下,受流水切割与侵蚀形成的独特丘陵地貌,相对高度常在300米以内。其地貌形态表现为顶平、身陡、麓缓等。

丹霞地貌的形成大致经历了三个过程:一是在低洼盆地中形成了透水性良好、垂直节理发育的红色水平砂砾岩层;二是红色水平砂砾岩形成后,盆地随周围地区一起整体抬升,不再有其他堆积物覆盖;三是在湿热气候下,岩体经强烈的流水侵蚀、溶蚀和重力崩塌等综合作用,形成了种种地形奇观。我国著名的丹霞地貌有广东的丹霞山和金鸡岭,福建的武夷山,湖南的飞天山,河北承德的磬锤峰、僧帽山和双塔,安徽的齐云山,江西的龙虎山,甘肃的麦积山,四川的青城山,重庆的四面山,广西的白石山、都峤山等。

丹霞山是山间盆地洪积相的砂岩、砾岩互层所构成,其中不少地方含砾岩与粗砂岩的透镜体或含有钙质,为加速风华与形成洞穴创造了条件。

2. 典型案例

1)龙虎山世界地质公园

龙虎山地质公园,位于江西省鹰潭市,是古越人的家园,道教的圣都仙山,具有悠久的历史渊源,这里更以丹霞地貌类型多样而闻名于世。龙虎山世界地质公园总占地面积38000公顷,主要地质遗迹类型为地质地貌类。公园由龙虎山园区、龟峰园区和象山园区组成。龙虎山丹霞地貌类型多样,拥有幼年期、壮年期到老年期丹霞地貌的完整序列,尤以壮年期地貌为主体。整个园区呈现一幅碧水丹山的天然画卷,是具有典型意义的丹霞地貌,同时,由于分布着奇特的火山岩地貌及典型地层剖面,因此具有很高的科学价值和审美旅游观赏价值。

龙虎山是我国丹霞地貌发育程度最好的地区之一,地质构造上属于信江断陷盆地。该盆地在三叠纪晚期开始形成,在晚侏罗纪至早白垩世时盆地中有活火山喷发并沉积了河湖相泥砂质岩石,为形成火山地貌奠定了物质基础。到晚白垩世,气候炎热干燥,盆地周缘高山林立,每逢雨季,洪流携带大量泥沙、碎石倾泻而下,形成了以块状砂砾岩为主的红色岩层,这个堆积过程经历了3000万年的历史,堆积的地层总厚度达到4133米,这为形成丹霞地貌提供了物质条件。后期的地壳运动使这里变成陆地,流水等外部地质营力沿岩层裂隙冲刷、侵蚀、切割,加上重力崩落等,逐渐在这里形成了典型的丹霞地貌景观。其成因类型有水流冲刷侵蚀、崩塌残余、崩塌堆积、溶蚀风化、溶蚀风化崩塌,在形态上有方山石寨、赤壁丹崖、峰林、峰丛、石峰、石柱、洞穴等,丹霞地貌类型齐全。其中,老君峰、仙女岩和象鼻山是世界上丹霞地貌景观中的珍品,泸溪河畔是丹霞地貌景观最为丰富和集中的精华区域。

2)丹霞山世界地质公园

丹霞山世界地质公园位于广东省韶关市东北部仁化县丹霞山地区,是丹霞地貌的命名地,面积292平方千米。丹霞山世界地质公园以发育于白垩系红色砂砾岩地层中的赤壁丹崖及方山、浑圆形石柱、峡谷、嶂谷、壁龛状洞穴地貌景观为特色。

　　构成丹霞地貌的物质基础是形成于晚白垩世的红色河湖相砂砾岩,之后受地球构造运动的影响,产生许多断层和节理,在距今 2300 万年前开始的喜马拉雅运动使得本区迅速抬升,在漫长的岁月中,经流水侵蚀、重力崩塌和溶蚀作用形成了多姿多彩的丹霞地貌景观。

　　2004 年 2 月 13 日,丹霞山世界地质公园经联合国教科文组织批准为首批世界地质公园。世界遗产委员会对中国丹霞的评价是:中国丹霞是中国境内由陆相红色砂砾岩在内生力量(包括隆起)和外来力量(包括风化和侵蚀)共同作用下形成的各种地貌景观的总称。这一遗产包括中国西南部亚热带地区的 6 处遗址。它们的共同特点是壮观的红色悬崖以及一系列侵蚀地貌,包括雄伟的天然岩柱、岩塔、沟壑、峡谷和瀑布等。这里跌宕起伏的地貌,对保护包括约 400 种稀有或受威胁物种在内的亚热带常绿阔叶林和许多动植物物起到了重要作用。

(三)石英砂岩景观

1.形成机理

　　石英砂岩是一种固结的砂质岩石,其中石英及硅质岩屑含量超过 95%。通常很少含杂基质,常见的胶结物是硅质、碳酸盐,此外还可能有铁质、石膏、磷酸盐及海绿石。石英砂岩呈白色,砂质纯净,质坚而脆,垂直节理发育,风化后可呈灰白、褐黄、黄白色,岩层厚度大、产状平缓,节理裂隙扩展,可形成百米以上的柱峰。其峰林景观不同于丹霞景观,具有线条粗犷、层理清晰、棱角明显、节奏感强的特点。

2.典型案例——张家界世界地质公园

　　中国张家界世界地质公园位于湖南省西北部张家界市武陵源区,北纬29°13′18″~29°27′27″,东经 110°18′00″~110°41′15″。公园面积约 398 平方千米。中国张家界世界地质公园内的砂岩峰林地貌是世界上独有的,具有相对高差大,高径地大,柱体密度大,拥有软硬相间的夹层,柱体造型奇特,植被茂盛,珍稀动植物种类繁多等特点。

　　张家界世界地质公园所在区域地质构造处于新华夏第三隆起带,大致经历了武陵-雪峰、印支、燕山、喜山及新构造运动。武陵-雪峰运动奠定了本区域的基地构造,印支运动塑造了中国张家界世界地质公园的基本地貌构架,而喜山及新构造运动是形成张家界奇特的石英砂峰林地貌景观的最基本因素之一。

　　构成砂岩峰林地貌的地层主要由远古生界中、上泥盆纪云台观组和黄家墩组构成,地层显示滨海相碎屑岩类特点。岩石质纯、层厚,底状平缓,垂直节理发育,岩石出露于向斜轮廓。外力地质活动作用的流水侵蚀和重力崩塌及生物生化作用、物理风化作用,则成为构造该区域地貌的外部条件。因此,它的形成是在特定的地质环境中由于内外地质重力长期相互作用的结果。

三、变质岩旅游景观

(一)大理岩景观

在此以苍山世界地质公园为例。苍山山体主要由古老的前寒武纪变质岩组成,如片岩、板岩和大理岩等。其中最著名的是大理岩,它是由碳酸盐岩(石灰岩、白云岩)经过重结晶变质作用后形成的。

苍山主体由苍山变质岩系组成,苍山核部和东坡为经过强烈变形改造的中生代深变质岩系;西坡及南缘为中生代浅变质岩所围绕;北部云弄峰一带为古生代沉积岩和花岗岩侵入体所占据,亦有苍山变质岩群出露,但岩石一般已经历过不同程度变质变形改造。洱海以东为古生代沉积岩出露,但奥陶系却有轻微变质现象。

2014年9月23日,在加拿大圣约翰举行的第六届联合国教科文组织世界地质公园大会上,大理苍山被列为世界地质公园,这是继石林2004年2月13日被认定为世界地质公园后,云南省第二个被认定的世界地质公园。苍山地质公园是一座地质构造博物馆,具有丰富的地质遗迹资源。

(二)泰山杂岩景观

太古界是一套极其复杂的变质杂岩。虽然早已引起中外地质学者的注意,但因其时代古老,成因复杂,经受过多期次变质作用、构造变形作用和多期岩浆侵入作用的影响与改造,在研究过程中,存在不少分歧和争议。过去因受种种历史条件的限制,沉积变质形成的地层组分和不同类型侵入岩体辨认不清,地层的层序难以确定,曾统称之为泰山杂岩。1960年,北京地质学院的1:20万区域地质调查报告中,把这套变质杂岩划为泰山群。

泰山世界地质公园是华北地台基底与盖层双层结构出露比较好且典型的地区。基底为古老的“泰山杂岩”;沉积盖层为古生界寒武—奥陶系的石灰岩和页岩,两者呈角度不整合接触。由南向北地层依次从老到新分布,地貌上构成一个南陡北缓的单斜断块山系。太古宙至古元古代的多期次岩浆活动、多期次构造变形和变质作用十分明显,使结晶基底岩系遭受不同程度的改造。区内地质构造十分复杂,既有太古宙至古元古代的构造,又有中生代的构造,新构造运动普遍而强烈。中生代的脆性断裂和新构造运动控制了泰山的形成以及泰山地貌特征。

泰山世界地质公园地貌分界明显,地貌类型繁多,而且侵蚀地貌十分发育。泰山地貌可分为侵蚀构造中山、侵蚀构造低山、侵蚀丘陵和山前冲洪积台地等四种类型,在空间形象上不仅造成层峦叠嶂、凌空高拔的势态,而且总体上的雄伟形象与群体组合上多种地形相结合,成为丰富多彩的景观形象。

第三节　地质公园水体旅游资源

水体是宝贵的旅游资源之一,水体的形、态、声、色、光、影及其组合变化,形成独特的美学特征,是风景中不可缺少的最重要的构景要素之一。水体旅游资源具有观光和康乐等旅游功能,对旅游者具有很强的吸引力。

一、水体旅游资源概述

地球上的水域面积约占地球面积的 3/4,但它们并非全都是水体旅游资源。水体旅游资源是专指由水体本身或以水体为主与其他造景因素相融合而形成的具有旅游观赏价值的自然景观。

(一)水体与旅游的关系

1.水体是最宝贵的旅游资源之一

水体旅游资源以不同形式存在于大自然之中,构成了不同的美学特征。其美的形象、美的音色、美的色彩,无不形成巨大的旅游吸引力。人们置身其中,或听,或看,或沐浴,充分享受着水体旅游资源给人类带来的愉悦之情。

2.水体是各类景区的重要构景要素

景区形态组合的差异,就会构成不同的审美风格。水体的形、态、声、色、光、影及其组合变化所具有的独特美学魅力,不仅使水体自身可相对独立地构成富有吸引力的水景旅游资源,更使水体成为风景中不可缺少的最重要构景因素之一。

3.水体是最富有吸引力的康乐型自然旅游资源

旅游产品的开发,旅游项目的设计,都已越来越多地注重游客参与的心理需求。由于水体的特殊性质,人们往往从孩提时代就喜欢玩水。玩水比观水更富有情趣,海水浴、温泉浴、游泳、潜水、划船、漂流、滑水、冲浪及垂钓等水上活动项目,可以说都是不同形式的玩水。广义而言,滑雪、雪橇、冰橇等冰雪运动也属于利用水体开展的体育娱乐活动。此外,一些具有特殊性质的水体,还有特殊的健身治疗作用。

4.水体对其他自然旅游资源的形成有深刻影响

水体有大自然雕刻师之称,大气降水、地表流水对许多地貌形态,特别是岩溶地貌、海岸地貌、冰川地貌等具有普遍的塑形作用。水体还是大自然的空调器,在一定程度上调节着空气的温度和湿度。水面较大的地区,通常易形成较为舒适的区域性或局部小气候环境,呈现冬暖夏凉的特点,宜于避暑。水体还可以促进生物旅游资源的产生和聚集,滋润着花木,养育了动物,更强化其作为大自然美容师的作用。

（二）水体的构景要素

水是构景的基本要素,其构景具有形、影、声、色、光、味、奇等形象生动的特点。

1. 形态

地球上的水体,多以不同的形态表现出来,都有各自的形态风韵。海洋、江河、泉流、瀑布和外流湖泊都以动态为主;内陆湖或部分淡水湖,则以静态为主。由于受地形和季节的影响,水体呈现出有动有静、动静结合的特点。这些形象能对游人产生很强的吸引力。

2. 倒影

由于水是无色的透明体,所以在光线的作用下,万物倒入皆成影。山、石、树、花、白云、蓝天、飞禽、走兽、各种建筑,乃至人的活动都会在水中形成倒影,从而使水上水下、岸边桥头、实物与虚影相互辉映,构成美不胜收的画面。如遇微风轻拂,碧波荡漾,则使倒影之美更富有情趣。

3. 声音

水体在内应力、外应力的作用下,或受坡度影响而流动时,可发出各种声音,通过人的听觉,感知它的存在,并给予人不同的声音美,这是游人在旅游过程中获得的重要乐趣之一。如泉水的叮咚声、溪流的潺潺声、河湖的浪涛声、瀑布的轰鸣声、海啸的雷鸣声等,清浊徐疾,各有节奏。节奏感很容易为人所接受并能引起共鸣,同时声音美对人的情绪也颇有影响。

4. 色彩

透入水中的光线,受到水中浮悬物或水底沉积物以及水分子的选择吸收与散射的合并作用,呈现出不同的颜色,给人以色彩美的享受。例如,渤海、黄海呈黄色,东海呈蓝色,南海呈深蓝色;海水在晴空万里的天气条件下呈湛蓝色,在阴云雨罩的天气条件下呈灰暗色;黄河水呈黄色,黑龙江水呈黑褐色,鸭绿江水呈绿色,白龙江水多呈白色;九寨沟的五彩池、五花海和火花海等则呈现多种色彩。

5. 光像

水体自身的运动,在光线的作用下,能产生美妙无比的光学现象,令人赏心悦目。例如普陀山的夜晚,激荡在海浪波峰上的浪花,在市区灯光的照耀下,不时呈现出大片红黄色的光景;站在重庆朝天门码头上观看山城夜景时,市区和游轮上的灯光,还有天上的星光,倒影于长江和嘉陵江的水体之中,共同交织成大片的光的海洋,使人难辨的是灯光、星光,还是水光,令人陶醉在梦幻般的世界。

6. 水味

未被污染的河、溪、湖、泉等水体,其水质清洌甘甜,特别是含有丰富的有益于人体健康的微量元素的水体,常成为游人追逐的重要对象。如青岛崂山矿泉水、杭州虎跑泉水、济南趵突泉水、镇江中冷泉水等均为甘甜醇厚的泉水。"地有名泉,必有佳酿",甘甜的泉水,也是酿酒、泡茶和饮料加工的理想水源。

7.奇特

有的水体,具有奇特的现象。如安徽寿县的"喊泉",其涌泉量与人声音大小成正比;四川广元的"含羞泉",一遇振动,泉水便似羞涩的村姑,悄悄隐去,待安静后泉水流出;云南大理有"蝴蝶泉";安徽无为县轩车山下有"笑泉";台湾地区台南县有"水火泉"(水与天然气同泉);河北的涞水、四川的城口、湖南的石门等地,均有"鱼泉",这些都是因奇特现象成趣成景的。有的水体,具有奇特的作用。如富含微量元素的矿泉水,具有可饮、可浴、可医、可赏的作用。如庐山温泉,主治风湿病和皮肤病;五大连池的药泉,能治肥胖、脱发、疥癣等多种疾病,且效果良好。矿泉和温泉适于疗养,已成为当今世界重要的健身休闲旅游活动的内容。

在上述七种造景功能中,形、影、声、色、光五个方面是比较普遍的,它们是各种水体的共同特点;而味、奇两个方面,只是部分水体所具有的特点,它们是某些水体的个性特点。正是这些共性和个性特点,成为我们认识和掌握水体景观美的基本内容。

二、水体旅游资源的类型及旅游价值

水体旅游资源按水体性质、基本形态、使用价值及潜在功能,可分为江河、湖泊、瀑布、泉、冰川、海洋等旅游资源。

(一)江河景观旅游资源

江河是一种天然的地表水流,是以一定区域的地表水、地下水或冰雪融水为补给来源,并沿着狭长的谷槽流动的水体。较小的称为溪、涧,较大的称为江河。此外,还包括人类开凿如京杭大运河等人工河流。

1.江河景观的特点

由于江河是地形和气候的综合产物,所以江河景观的特点主要受它所处的地理环境特点和社会历史背景的影响。

首先,不同温度带的江河,其景色不同。如海南岛位于热带季风区,河流虽短,却有热带季雨林景观。珠江、长江等是亚热带季风区江河的代表,具有亚热带常绿阔叶林景观,特别是其流量大、汛期长、植物丰、湖泊多、农业富、城镇多,使它成为一条"黄金旅游路线"。暖温带的黄河,主要地处温带落叶阔叶林地带,虽然流量少、泥沙多、植被稀,但它是中华民族文明主要的发祥地。所以,黄河旅游路线是展示我国古老灿烂文化的一条最佳旅游线路。寒温带、中温带景观以黑龙江为代表,暖季水漫漫,冬季成冰带,具有典型的北国林海雪原的风光特色。

其次,同一江河的不同地段,其景色不同。一条大川,其上、中、下游各段因地貌地势差异而景色不同。以长江为例,其上游的江源处,终年白雪皑皑,冰峰雪岭,具有原始、幽静、清新、神秘诱人的特色;上游的峡谷处是典型的河川峡谷景观,如由瞿塘峡、巫峡、西陵峡组合而成的壮丽长江三峡;中游,江涛滚滚、银光闪闪,组成平原巨川风光;下游,更是河渠纵横交错、湖泊星罗棋布,形成"水乡泽国"的景色;河口地带,口宽岛多、波涛万顷、江海相连、水天一色,造就出河口三角洲风光。整条长江的各段,都是优美的旅游走廊,共同组合成人们公认的"黄金旅游路线"。

2.江河景观的旅游价值

江河景观的旅游价值主要表现在:①河流与沿岸景观共同构成立体画廊似的河流风景,特别是流经山区的河段,最易构成引人入胜的山川风光。②两坡陡峻,横剖面呈"V字形或"U"字形的峡谷,其河段可呈现峡谷和宽谷相间分布的地形,从而产生山水的空间收、放对比的视觉节奏。重峦叠嶂、隐天蔽日与山峦后退、水流舒缓相间分布,给人以不同的视觉享受。③交通发达,物产丰富,供应优越,通信方便,可以满足旅游者经济实惠、见识多、行程短的要求。④河川常是山川相映,自然景色与人文景观相配合,尤其中下游地区往往是古人类遗迹与文物古迹众多的地区。同时,历史文化名城与现代城乡也多沿江河分布,最适于观赏游览,更易激发人们的情趣。⑤河流最利于游客作舒缓的走廊式游船观光。⑥在适当的河段还可开展漂流、游艇、划船、游泳、垂钓、滑冰、冰橇等水上探险、康体度假、冰雪运动等旅游活动。

例如,长江三峡国家地质公园涵盖长江三峡(瞿塘峡、巫峡和西陵峡)主、干流两侧,地灵人杰,是中国古文化的发源地之一。著名的大溪文化,在历史的长河中闪耀着奇光异彩;这里孕育了中国伟大的爱国诗人屈原;青山碧水,曾留下李白、白居易、刘禹锡、范成大、欧阳修、苏轼、陆游等诗圣文豪的足迹与千古传颂的诗章;大峡深谷,曾是三国古战场,是无数英雄豪杰驰骋用武之地;这里还有许多著名的名胜古迹,白帝城、黄陵庙、南津关等,它们同这里的山水风光交相辉映,名扬四海。

(二)湖泊景观旅游资源

1.湖泊及其种类

一般来讲,湖泊景观包括湖泊和水库。湖泊是大陆上较为封闭的集水洼地;水库,即人工湖泊,是人们兴修水利而形成的,其景观与天然湖泊大同小异,习惯上把湖泊、水库旅游资源归为一类。

湖泊与其他自然现象一样,有它的产生、发展直至消亡的过程。因此,按湖盆的形成原因可将湖泊分为:因古代浅海湾湾口被泥沙淤积成的沙嘴或沙坝封闭而形成的潟湖(如杭州西湖);因地壳运动所产生的凹陷盆地积水而形成的构造湖(如洞庭湖、鄱阳湖);因断裂下陷作用而形成的断层湖(如滇池、洱海);因火山喷发后,火山口洼地积水而形成的火口湖(如长白山天池、台湾日月潭);因火山喷发时,喷发出来的玄武岩流阻塞了河道而形成的火山堰塞湖(如镜泊湖、五大连池);因原有河道淤塞变高,河水宣泄不畅,而逐步淤积而成的河成湖(如洪泽湖);因冰川的刨蚀作用而形成的冰蚀湖,或冰川在消融过程中,在冰渍物之间的凹地积水而形成的冰渍湖,它们都叫作冰川湖(如北美洲的五大湖,青藏高原也多此类湖泊);因在湿热的石灰岩地区,由地表水或地下水对可溶性岩石进行溶蚀而成的岩溶湖(如贵州威宁的草海、贵州织金县的八步岩溶湖、云南石林中的剑池);因在干旱半干旱地区,风蚀洼地积水而形成风蚀湖,也称风成湖(如敦煌的月牙泉);还有因拦洪蓄水和调节径流等特定功能取向的蓄水区域而形成的各种水库,也叫人工湖泊(如浙江千岛湖、福建泰宁金湖、吉林松花湖)。

我国湖泊在各地的称呼也有异。多数汉族聚集区称为湖泊;太湖一带称为荡漾塘;东北平原称泡子;内蒙古自治区称为诺尔淖或海;新疆维吾尔自治区又称库尔、库勒;西藏地区则称错或茶卡。

2.湖泊景观的旅游价值

(1)湖泊水库是自然风光的重要组景要素。对绝大多数风景区来说,湖泊水库是必不可少的。如大湖泊给人以畅旷的美感,小湖泊给人以清秀的景色;高山之巅,呈现一泓碧水,常给人以神秘、奥妙、幽静、清澈的美感;平原地区多以湖中有岛,岛上有湖最为秀丽。特别是青翠的山、清澈的水和清新的环境,非常适合绿色旅游的要求。

(2)自然景观与人文景观珠联璧合。人类的生产生活与湖泊联系紧密,加之湖泊水库多分布于盆地、平原,其周围常形成经济、文化、交通发达和人口的密集之地,相应地也就形成了各具特色的人文景观。因此,湖泊景观是以湖泊水体本身为核心的各种自然构景要素(如湖中或湖滨的地形、生物、云雾等)和各种人文构景要素(如遗址、建筑、园林、寺庙等)所组成的各个景点和综合景象。

(3)功能完备,可满足游客多种需求。一是水上游览娱乐。湖泊水库是人们开展乘游船、坐快艇、自驾摩托艇、手划船、脚蹬船和冲浪风帆等水上游览、娱乐活动的物质载体。二是游泳。三是湖畔观光。许多湖泊沿岸都有一些自然的或人文的景观可供游人观赏,如无锡太湖鼋头渚、南京玄武湖、浙江千岛湖、杭州西湖等沿湖周边都有不少值得一看的名胜。四是度假休养。湖泊沿岸环境优美、静谧,是度假休养的好去处;许多湖泊周围都建有度假休养设施,如苏州太湖、昆明滇池都有国家旅游度假区。

3.湖泊主要景观类型

(1)平原大湖。其主要分布于东部平原。例如,长江中下游的江苏太湖西山国家地质公园的平原大湖给人以壮阔浩渺之美感。同时,因其往往具有水运和捕捞鱼虾、采集莲藕之类的功能,又易形成生动、活跃的水乡景观。

江苏太湖西山国家地质公园于 2004 年被批准成立国家地质公园,陆地面积约 83 平方千米,其中 60％为低山丘陵,且大部分为基岩组成,余则大部分为第四系湖相、河湖相沉积,岛屿四周溶蚀地貌发育。其主要地质遗迹包括六大类 66 个遗迹景点,主要有二叠-三叠系界线剖面、晚石炭世地层剖面、缥缈峰推覆构造、断裂形成的峰崖壁、蜓和四射珊瑚及古人类活动遗迹、林屋山岩溶地貌与林屋洞、石公山构造与湖蚀地貌、幽谷中的泉水与瀑布、煤矿与紫泥矿出露地、具有瘦漏透皱的太湖石及各类造型石,并有诗情画意的湖岛风光等。

(2)山地秀湖。其主要分布于江南丘陵、东北及西北山区。镶嵌于山地丘陵之中的湖泊,形态多变,青山、雪峰倒映,风景格外秀丽。

例如,九寨沟因沟内有九个藏族村寨而得名。原始古朴的村寨散落在绿树环抱的群山之中,显得更加古老、宁静。一个民族的建筑文化总是和它的生存环境、生命繁衍息息相关,显示着人类文化学和地域文化学的色彩。九寨沟,平均海拔在 2500 米左右,属于寒温带地区,所以冬无严寒,夏无酷暑,在这里传统的建筑大都为木结构。翠海、叠瀑、彩林、雪峰、藏情、蓝冰,被誉为九寨沟“六绝”。神奇的九寨沟,被世人誉为“童话世界”,号称“水景之王”。“九寨归来不看水”,是对九寨沟景色真实的诠释。

(3)火山堰塞湖。堰塞湖是由火山熔岩流、冰碛物或由地震活动使山体岩石崩塌下来等原因引起山崩滑坡体等堵截山谷,河谷或河床后贮水而形成的湖泊。由火山熔岩流堵截而形成的湖泊又称为熔岩堰塞湖。

例如,镜泊湖世界地质公园在 2005 年 8 月被国土资源部批准为国家地质公园;2006 年 9 月,经联合国教科文组织批准为世界地质公园。黑龙江镜泊湖世界地质公园不但拥有典型、稀有、系统、完整的火山地质遗迹景观和水体景观以及峡谷湿地等自然地质景观,更蕴藏着海东盛国的千古之谜。镜泊湖世界地质公园是可供科研、避暑、游览、观光、度假和文化交流活动的综合性景区。

(4)高原旷湖。其主要分布于青藏高原、内蒙古高原和云贵高原。远山近草,蓝天白云倒映,兼具山地秀湖与平原大湖的美感。我国这类风景湖泊较突出,有较大的开发潜力。

在 2012 年国土资源部正式公布的第六批国家地质公园资格名单中,青海湖榜上有名。青海湖是我国最大的内陆咸水湖,有着丰富多样的地质景观和种类繁多的野生动物。目前地质公园内已调查有 34 处地质遗迹资源,其中世界级 2 处、国家级 17 处、省级 15 处,其资源类型多样、组合性强、旅游景观典型独特、美学价值高,具有稀有的自然属性、特殊的科学意义以及优雅的美学观赏价值,是一座罕见的世界地质遗迹旅游资源宝库。

(三)瀑布景观旅游资源

瀑布是指从河床纵断面陡坡或悬崖处倾泻下来的水流。

1. 瀑布景观要素

要认识瀑布景观,首先应了解构成瀑布景观的四大要素:一是造瀑层,即河谷中突然形成陡坡地段的坚硬岩层,这个坚硬岩层就是造瀑层,如壶口国家地质公园的造瀑层是厚层绿色坚硬砂岩;二是有从造瀑层倾泻下来的水体,亦即瀑布;三是瀑下深潭,一般瀑下有潭,基本结构是一瀑一潭、瀑潭交错分布,形成瀑潭景观带;四是瀑前峡谷,它是造瀑层被侵蚀后退的产物,表示瀑布位置仍在向后面移动,峡谷一般不太长,但很幽深狭窄。

2. 瀑布景观的旅游价值

(1)瀑布形态。观赏瀑布时,瀑布的形态给人的印象最直接,包括瀑布的空间状态、瀑布的水流状态。瀑布的奔放勇猛,来源于它从天而落的气势和喷珠溅玉的风貌。当瀑布高度和宽度均较大时,可显示出它的雄伟气势。凡多层、多级、多折的瀑布,观赏价值更高。如庐山世界地质公园中的三叠泉瀑布,俯视可使人有凭虚御空飘飘欲仙之感,仰视则可领略其惊心动魄、气势磅礴之态。

(2)瀑布幽秀程度。瀑布的幽秀程度取决于瀑布水流的清浊度和瀑布周边草木的深秀程度。水流的清浊度,取决于含沙量和有机物含量;草木的深秀,反映在植被覆盖率的高低上。

(3)特有文化内涵。许多瀑布景观,留下了不少文人墨客的诗文、题记、摩崖石刻,其本身具有的艺术价值,不仅成为景观的一个重要部分,而且也提高了瀑布的观赏价值。李白描写九华山世界地质公园瀑布的"天河挂绿水,秀水出芙蓉"诗句,早已脍炙人口。

(四)泉水景观旅游资源

泉是地下水的天然露头。只有达到一定规模的泉水,才有可能开发成为泉水景观。首先,泉水是造景育景的重要条件,常给人带来幽雅、秀丽的景色。我国西湖的"九溪烟树"、大理的蝴蝶泉、桂林的岩溶泉等都是著名的代表。其次,泉水可转化为溪、涧、河、湖,造就出更大的风景场地和丰富多彩的风景特色。如济南市南部由石灰岩构成的千佛山,石灰岩地层中有丰富的地下水。当地下水在济南市区露出时,便构成了以趵突泉、珍珠泉、金线泉等72名泉为代表的济南市区的108个上升泉眼。济南由此被誉为"家家泉水,户户垂柳"的"泉城",并由泉而成为一个旅游城市。

1. 温泉和矿泉

(1)温泉。泉水温度差别很大,一般来说,将20 ℃以下的称为冷泉,20 ℃~37 ℃的称为温泉,超过37 ℃的称为热泉,43 ℃以上的则称为高热泉,达到当地沸点温度的泉称为沸泉。其中,热泉和高热泉又常被称作"汤"。

世界温泉的分布与火山地震带相当,集中在环太平洋地带和地中海—喜马拉雅地带。其他的地热异常区,也往往有温泉出露。其中,日本是世界上的温泉大国,泉点近2万处,温泉疗养旅游人数和设备也均为世界之冠。新西兰和冰岛不仅是世界温泉之乡,而且在地热的开发和利用上也取得了巨大的成功。中国的温泉资源也很丰富,全国皆有分布,其中最密集的当属西藏、云南、广东、福建和台湾等省区。

(2)矿泉。它是指含有一定量的矿物质并且具有医疗和饮用价值的矿化泉水(矿化度≥1 g/L)。其中,有的泉水矿化度并未达到1 g/L,但却含有人体所需的氡、锂、硫化氢等特殊成分或大量二氧化碳等,适宜于沐浴、饮用,对人体健康有利,习惯上也视作矿泉。

矿泉的类型,按医疗作用可分为饮疗泉(以饮用、含漱方式治疗多种慢性疾病)、浴疗泉(以沐浴治疗皮肤病、心血管病和神经性疾病等)和饮浴兼用泉(既可饮用疗养,又可沐浴疗养)。

2. 泉水的旅游价值

泉水有多种功能,从供给人、畜饮水,到引水灌田、发电、疗疾、酿酒、提取工业原料、寻找水源、预报地震等,几乎都有泉水的功绩。其中,泉水还具有美化环境、提供饮料、沐浴治病、疗养健身等多种与旅游、造景关系密切的功能。

(1)观赏功能。泉水是美化环境、给游客提供观赏佳景的不可缺少的条件。如果某处泉水在质量或溢出方面很有特点,便会因此而形成著名的旅游点,如陕西华清池、太原晋祠、甘肃酒泉。如果某个地方涌现大量泉眼,则会因此而形成该地的特色,如"泉城"济南家喻户晓,福州以"温泉城"著称。

至于泉的观赏功能,则更为多种多样,很能引起游人的兴趣。如有的泉缓缓溢出并夹带着串串气泡,犹如串串珍珠,故此常被命名为"珍珠泉";有的泉像含羞草一样,当人们投石进水,水会蜷缩倒流,安定片刻后又会自动流出,这就是"含羞泉"。再如,广西桂平的乳泉、河北野三坡的鱼泉、台湾台南的水火泉等也都具有很高的观赏价值。

(2)医疗保健功能。这是矿泉(含温泉)最重要的功能。矿泉水中含有多种化学成分,再加上一些泉水的温度较高,便使其具有了很强的医疗功能。这种医疗功能主要源于以下几个方面:浮力和压力作用、水温作用、化学作用。其关键在于化学作用,这是指矿泉水中所含各种元素对人体的药理和生物化学作用,如氡泉,对治疗神经衰弱、心律不齐、血压高或血压低、糖尿病、内分泌紊乱、月经不调、皮肤瘙痒等多种疾病都具有较好的疗效,故氡泉有"矿泉之精"的美誉;硫化氢泉可以改善皮肤血液循环及新陈代谢,对银屑病、神经性皮炎、湿疹有独特的疗效,对神经炎、轻度心血管疾病等也有疗效;硅酸泉浴有助于湿疹、皮肤瘙痒、银屑病和妇女生殖器黏膜病的治疗；碳酸氢钠泉可软化皮肤，浴后会使人感到皮肤光滑柔软，清爽舒适，对创伤、皮肤病有疗效，若吸入和饮用碳酸氢钠水，能溶解气管的黏液，帮助消化。

（3）品茗酿造功能。泉水水质甘甜，是一般井水、河水和自来水所无法超越的。其中，用名泉泡茶便是游人追求的品茗美感之一。杭州"龙井茶叶虎跑水"就是用甘洌醇厚的虎跑水泡龙井茶，犹如"二名相叠，锦上添花"，其泡出的茶被誉为"西湖双绝"，"虎跑龙井"遂成为杭州吸引游客的饮中珍品。

（五）现代冰川景观旅游资源

1. 冰川的形成

冰川形成于雪线以上的常年积雪区。所谓雪线，指当地的降雪和融雪达到平衡的高度。当固态降水降落到雪线以上的地区时，便被保存下来形成雪盖。这些冰雪经过积压和重新结晶，成为具有可塑性的冰川冰。冰川冰在压力和重力影响下，沿着地面向雪线以下地区缓慢流动，伸出冰舌，形成冰川。

2. 现代冰川景观的旅游价值

近年来，随着全球旅游大趋势向着知识性、健身性和探险性方向发展，一般旅游者原来难以问津的现代冰川景观，被逐渐当作一项重要的旅游资源来加以开发利用。目前，世界上很多冰川区已被开发为旅游基地，纷纷建立起冰川公园。冰川景观雄伟瑰丽，非其他自然风景可比拟，加上冰川所在地的环境质量也优于一般风景区，所以愈来愈受到酷爱大自然的人们的青睐。

3. 我国著名的现代冰川景观

我国是世界上中低纬度现代冰川最为发育的国家。冰川分布地域辽阔，跨越新疆、西藏、甘肃、青海、四川和云南等 6 个省区，纵横 2500 千米，总面积约 58651平方千米。其中，已开发为旅游胜地的著名现代冰川景观主要有天山一号冰川、嘉峪关七一冰川和四川海螺沟冰川等。

新疆天山天池国家地质公园的主要地质景观包括第四纪冰川遗迹，位于距乌鲁木齐市区约 100 千米处的胜利达坂附近。这里不仅是乌鲁木齐河的源头，而且是著名的"冰川王国"所在地。大大小小 77 条现代冰川，分布于 4000 米以上的群峰之巅。最大的一号冰川，长 2.4 千米，面积 1.85 平方千米，冰川内部晶莹蔚蓝，冰面裂隙纵横，金字塔般的角蜂，锯齿形的刀脊，弧形的冰川终碛和喧腾的冰川河独具魅力，令人震撼。

四川海螺沟国家地质公园的主要地质遗迹景观是现代低海拔冰川，位于贡嘎山主峰区东坡。全长 30 千米的海螺沟中，冰川长达 14.7 千米，面积 16 平方千米，按地势高低分为三段：海拔 4800 米以上为巨大的粒雪盆；中段海拔 3700～4800 米为大冰瀑布；3700 米以下为冰川舌。海螺沟大冰瀑布高、宽皆在 1100 米左右，是中国最高、最大的冰瀑布。冰川舌伸展到海拔 2850 米的森林中,形成了世界低纬度地区罕见的冰川与森林共存的奇景。冰川舌表面有冰洞、冰桥、冰蘑菇、冰面湖等绚丽多姿的形态,具有很高的观赏和科学考察价值。

(六)海洋景观旅游资源

海洋是地球上广大连续水体的总称(其面积占地球表面的 70.9%)。海洋的中心部分叫洋,海洋的边缘部分叫海(其面积约占海洋总面积的 11%)。海和洋很难截然分开,它们彼此沟通,组成统一的世界海洋。洋的面积虽然是海的 9 倍,但作为旅游的重点对象不是洋,而是海,并且又多局限于海岸带。我国沿海地区和岛屿,有许多适合发展海洋旅游的海湾,海滨旅游业的发展也较快。

1. 我国海岸的类型

我国的海岸类型错综复杂,一般来说,可分为以下三类。

一是钱塘江口以北,以泥沙质海岸为主,不利于开发游人休憩的海滨沙滩和海滨浴场。但个别地区如辽东半岛、山东半岛等地是基岩海岸,则有利于开发海滨浴场。

二是钱塘江口以南,以基岩海岸为主,多优良港湾,因海水侵蚀作用,多形成各种海蚀地貌景观,如海峡、海蚀穴、海蚀崖、岩滩、海蚀柱以及千姿百态的石块等,但个别地方如珠江口等为平原海岸。

三是我国北回归线以南的部分海区,还发育了生物海岸,主要包括珊瑚海岸和红树林海岸。珊瑚海岸发育在气候温暖、风浪不大的热带海洋沿岸海底,雷州半岛南部、香港地区及南海中一些岛屿的沿岸均有分布。红树林是抗盐性很强的灌木林,主要分布于福建、台湾、广东、广西、海南岛等地的海岸潮间带。所以,我国的生物海岸地带具有热带、亚热带的海滨风光。

在我国上述三大海岸类型中,海滨景观多姿多彩。其中,最富有代表性的海滨景观有北戴河海滨景观、大连海滨景观、青岛海滨景观、三亚海滨景观(包括三亚市东南部的亚龙湾海滨和三亚市西部的天涯海角海滨)、厦门海滨景观等。此外,还有蓬莱、烟台、连云港、普陀岛、深圳、珠海、汕头等海滨景观。

2. 海洋的旅游价值

自 20 世纪 60 年代后期以来,在全球范围内出现了前所未有的海洋旅游热,人们纷纷涌向海滨,走上沙滩,投身大海的怀抱,海滨休闲度假几乎成了旅游的代名词。我国虽然在海滨气候及沙滩方面,与欧美、北非等地区的一些海滨国家相比尚有不足,但从海滨旅游资源的整体规模和景观类型的多样性上看,我国仍属世界上主要海滨旅游资源大国之一。

(1)海洋的康乐价值。海洋旅游资源的康乐功能表现于海滨的休养功能和运动功能。休养功能取决于空气、阳光、沙滩和海水的组合。海水中含有钠、钾、碘、镁、氯、钙等多种对人体非常重要的元素,尤其是碘的作用日益受到世人重视。海滨空气清新、尘埃极少,并含有一定量的碘和较多的氧和臭氧。海滨的气候受海洋影响,一般冬暖夏凉,湿润宜人。海滨的海水浴、日光浴及沙浴不仅有助恢复精力和体力,而且还有利于人体维生素的积累和红细胞的增加,有利于创伤、骨折等疾病的康复,有利于食物消化和新陈代谢。由于我国东部沿海夏季高温多雨的气候特征,使得我国海滨最大的休养性项目是海水浴,而不是西方盛行的海滩日光浴。海上运动主要有驾舟、帆板、冲浪、滑水、潜水等,海洋为水上活动提供了广阔的空间。此外,在海滩上还可以进行追潮拾贝、品尝海鲜以及沙滩运动等充满乐趣的活动。

我国目前由南向北开发了数以百计的海滨度假胜地,尤其以海南、台湾、广东、广西、福建等热带和南亚热带的海滨度假胜地利用季节为长,旅游价值更高。

(2)海洋的观光价值。海洋对于观光旅游也提供了具有特殊魅力的广阔天地。海域风光是海洋与海岸、海岛及其地貌植被、天气配合的结果,同时还包括海船、渔舟、灯塔、海港、渔村等人文景观的组合,尤以岬湾海景的层次性、立体感最强。海上日出、日落和海市蜃楼等景象,也是海域风光的组成部分。

在太阳和月球引力的作用下,海洋不仅每日有不同于河流的潮汐现象,而且在不同的日期和月份还会有潮汐大小的区别。我国潮汐现象以钱塘江口(喇叭形河口)最为壮观。"八月十八潮,壮观天下无。"自古以来,浙江海宁盐官镇就成了游客观钱塘涌潮的胜地。每年农历五月至十月的初一、十五前后几天都是理想的观潮佳期。

长山列岛国家地质公园是坐落在山东半岛和辽宁半岛间的长岛,由32个岛屿组成,是我国目前唯一的海岛国家地质公园。随处可遇的海蚀崖、洞、柱、石,以及象形礁、象形石、彩石岸、球石等惟妙惟肖,叹为观止,被地质专家称为东方奇观。特别是地质地貌、自然景观及清晰的黄渤海分界线,保存极其完好,在国内甚至世界上都具有典型性和稀有性,具有极高的观赏价值和科研价值。岛内的蓬莱群地层、玄武岩堆积物、下更新统至全新统的松散堆积物以及所含古生物化石、古人类遗址等,为我国东部渤海地区和胶辽半岛的区域地质历史演变提供了珍贵的证据。

第四节　地质公园大气旅游资源

大气是指包围地球的空气层。大气的气象要素不仅具有直接造景、育景功能,而且有借景的功能。大气旅游资源具有明显的季节性和地域性特征,并直接影响着地貌、水体、生物等旅游资源的观光和康乐等功能。随着科学技术的发展,人们到太空旅游已不是梦想,不久的将来,太空将成为人们新的旅游目的地。

一、大气旅游资源的概念和特征

（一）大气旅游资源概述

1.大气旅游资源的概念

大气旅游资源是指发生在大气中的对旅游者有吸引力的气象、气候现象。气象、气候现象是大气中冷、热、干、湿、风、云、雨、雪、雾、闪电等各种物理状态和物理现象的总称。天气现象是指短时间内大气的物理状态和现象的综合。千变万化的气象景观、天气现象及不同地区的气候资源与岩石圈、水圈、生物圈旅游景观相结合，再加上人文景观的点缀，就构成了幻影般的大气旅游资源。

2.气象、气候对旅游的影响

气候是一个地区多年来的天气状况的综合，即长时间的大气物理现象和物理状态的综合。它是开展旅游活动的必要条件，又能直接造景、育景，而且还影响地貌、水文、生物等自然旅游资源和各种人文旅游资源。

不管是短期的气象变化还是长年的气候变化，都与人类生产、生活有密切关系，同样与人类旅游活动也有直接或间接的关系。在不同的气象和气候条件下，可以形成不同的自然景观和旅游环境，如北方的冰雪景观、山地的云雾景观是旅游者的直接观赏内容。由于气候变化能影响山体、水体、动植物及使各种人文景观发生变化，而这些变化又依其特定的功能作用于旅游者，这是气候对旅游的间接作用。人类旅游活动受气候和景观变化的制约，在同一地区，出现淡季、旺季和平季的变化，在世界各国范围内出现旅游热点、热线和冷点、冷线，形成游客时空分布的不均衡性。这说明气象、气候条件既是开展旅游活动的有利因子，同时也是开展旅游活动的障碍因子。这就要求旅游者在安排游程时考虑气象、气候因素，以应付不测风云，趋利避害，因地制宜，因时制宜，调整旅游项目和内容。

（二）大气旅游资源的特征

1.气象旅游资源的特点

大气中的冷、热、干、湿、风、云、雨、雪、霜、雾、雷、电、光等各种物理现象和物理过程所构成的旅游资源，与其他自然旅游资源相比，有着以下显著的特征。

1）多变性

大气中的物理现象和过程往往是瞬息万变、变化无穷的，典型的如一日内冷、暖、阴、晴的变化，刚才还是倾盆大雨，即时就晴空万里，这些变化常常影响着景色的色彩、风采和明快度，给旅游者以不同的美感和多变感。

2）速变性

气象中的雾、雨、电、光等要素变化极为迅速，典型景象如宝光、蜃景、日出、霞光、夕照等都是瞬间出现、瞬间即逝的气象景观,旅游者只有把握时机,才能观赏到美景。

3)背景性和借景性

许多气象景观的出现常常要与其他一些旅游资源相配合,要借助于其他景观,如高山云海、海上日出、沙漠蜃景、名山佛光等。

4)地域性

各种气象景观的出现都有一定的地域性,一些特殊景象必须在特定的地点才可显现,如吉林雾凇、峨眉佛光、江南烟雨、大理"下关风"等。

5)时间性和季节性

不同的气象景观要素在一年内所出现的时间各不相同,有明显的季节变化,如冰雪景观只出现在冬季,而日出、霞光等景观时间性更强。

2. 气候旅游资源的特点

1)持续性和有限性

对于气候旅游资源,旅游者可以反复利用它却不能带走它。旅游业开发适度,旅游环境保护得好,气候旅游资源的可利用时间或周期就长。因此,气候旅游资源是一种可再生资源,具有持续性利用的特征。

尽管一个地区的气候旅游资源,年年都有,周而复始,但是每年都有一定的量,不适时开发利用就会流失,少使用就会造成资源的浪费。因此,对有限的气候旅游资源应积极开发、适当利用。

2)季节性和地域性

太阳辐射周期性的变化,导致气候和相应生物景观的季节性变化,使旅游气候资源具有季节性变化特征。我国自古就有"春戏桃柳、夏赏风荷、秋吟丹桂、冬咏寒梅"的风俗,利用旅游气候资源的季节性特点,可以举办春、夏、秋、冬各不相同的旅游活动,延长旅游旺季。

受气候形成因子的影响,旅游气候的分布具有区域性的特征,这不仅表现在具有纬度地带性差异、经度地带性差异,而且还存在着气候的垂直差异。气候类型的多样性直接导致自然景观和旅游活动内容、项目的地域性差异。因此,因地制宜利用气候旅游资源的地域性特点,可以开辟新的旅游景区和旅游线路。

某些地方气候或小气候,往往适宜于开展旅游或形成具有吸引力的景观。例如,沿海(湖)地带受水体的影响,与远离海洋的内陆相比较,温差较小,相对湿度较大。正因为如此,我国山东的青岛、秦皇岛,广西的北海市,福建的鼓浪屿等,形成了著名的冬暖夏凉的旅游、度假、疗养胜地。

3)整体性和脆弱性

在气候旅游资源中,光、热、水的最佳组合,与旅游地其他自然景观、人文景观互为补充,形成天、地、人、物四维立体的旅游资源,这种资源综合性越和谐,气候旅游资源整体效益越强,旅游价值也越高。例如,我国东部季风区,雨热同季,光、热、水匹配合理,植被繁茂,呈现了五彩缤纷的自然风貌和千姿百态的景色,气候旅游资源整体效益高,我国大部分著名旅游地都集中在该地区;我国西北部非季风区,受水分不足的限制,植被稀少,光、热、水配合失调,气候旅游资源整体效益低,相应的旅游景点也较贫乏。

气候旅游资源的脆弱性表现在两个方面:一方面是季风的不稳定性,使各地气温和降水的年际变化较大,气象灾害频繁,气候旅游资源的有效性降低,风险增大;另一方面是为旅游活动服务的餐饮、宾馆、商贸、交通运输等行业的发展以及游客不自觉地对环境的污染和破坏,改变旅游地下垫面状况,破坏了旅游地原有的小气候环境。这种小气候环境一旦遭到破坏,就很难恢复到原来状态。为此,政府应协同有关部门尽快建立健全的规章制度和法规,保护生态环境,保护气候旅游资源。

二、大气旅游资源的类型

在大气的各种动力、热力因素作用下,我国的气象景观丰富多彩。

1.云、雾、雨景观

云、雾、雨都是大气中水汽的凝结物。由这类气象因素构成的景观,在湿润的南方及东部沿海地区较为普遍,尤以山区为佳。山区云雾积聚、消散,形成瞬息万变的云雾奇现。由于空气上升运动的原因和规模不同,所形成的云状、云高、云厚也不同。根据云的外形特征,云可分为积状云、层状云和波状云等,黄山四绝之一的云海就是一种波状云。登高观看由波状云构成的云海最为壮观。峨眉山、齐云山、阿里山的云海享誉中外,庐山的瀑布云、苍山的玉带云、三清山的响云以及泰山的云海玉盘都是云中奇景。

2.冰雪、雾凇、雨凇景观

冰雪景与雾凇奇景以冬季的北方,尤其东北较为普遍。四季分明的亚热带地区,尤其是山区的冬季也有这类美景。除东北林海雪原外,"太白积雪""西山晴雪""玉山积雪"分别是著名的关中八景、燕京八景、台湾八景之一。

雾凇,又称树挂,是在潮湿、多雾、低温的气候条件下,雾中的过冷却雾滴在低于0℃的附着物上凝华而成的白色松絮状冰粒,漫挂于树丛、树林,似绽开的繁盛而精致的银花,在我国东北及一些山地冬季出现较多。"吉林树挂"(又称江城树挂)是我国最著名的雾凇奇景,每年1~2月出现,达60余天,曾与桂林山水、路南石林、长江三峡并称为我国四大自然奇观。此外,我国冬季一些湿润的山区也有雾凇景观,如峨眉山、五台山、衡山等。

雨凇是由过冷雨滴或毛毛雨落到0℃以下的地物上,迅速冻结而成的均匀而透明的冰层。雨凇常见于冬季湿润的南方山区,峨眉山、九华山、衡山、庐山等都是雨凇的多发地,漫山遍野的常绿树林被雨凇包裹成水晶玻璃世界,显得格外美丽。雨凇与云海、日出、夕阳、佛光、蜃景合称为"天象六景"。

3.佛光与蜃景

与大气的光学现象相关的气象景观有佛光(宝光)、蜃景、日出、日落、霞景等。其中,佛光、蜃景都是奇幻景观,均与大气对太阳光线的折射有关。佛光又叫宝光(祥光),发生在空气潮湿、薄雾弥漫、天空晴朗无风的早晚,实际上是太阳光通过空气中悬浮的无数小水滴发生衍射的结果。在多雾的山区里,每当早晨和傍晚,如果有人站在山顶上,太阳光从他的背后射来,在他的前面弥漫着密云或浓雾,这时他会看到在他前面的云雾天幕上会出现一个人或投影,影子的周围环绕着一个彩色的光环。我国的佛光以峨眉山金顶佛光最为著名,每年可出现七八十次,以12月至次年2月的冬季为多。此外,我国庐山、泰山、黄山、五台山地质公园等也都能看到佛光。

蜃景,即海市蜃楼奇景,简称"海市"或"蜃景"。"海市"意为海上神仙的居所,"蜃"即蛟龙之属,能吐气为楼,故曰"海市蜃楼"。它是在特定条件下大气中的一种光学现象,是太阳光线经远距离折射和全反射,将远处景物显现在空中或海面上空的一种幻景。其出现需要稳定的晴空条件,需近地面的空气密度在垂直方向上有较大的差异。它主要出现于海湾、沙漠和山岳顶部。在春夏之交,雨过天晴之后出现的可能性最大。

4.日出、日落和明月景观

观旭日东升的磅礴景色,赏夕阳西下的万道彩霞,无不使人陶醉迷离。朝霞、晚霞也都属于大气中的光学现象,是太阳光穿过大气受到空气中的水滴散射的结果。"旭日东升"是泰山四大奇观之一,每当凌晨,在日观峰举目东望,天际开始闪出鱼肚白光,不一会呈现出一条水平红线,渐渐扩张,忽红、忽黄、忽赭,绚烂多彩。随后在红云之下忽现弓形旭日,随之呈半圆形迅速升起,一轮红日跃出海面。我国许多名山中都已形成了固定的观日点,如黄山的翠屏楼等。不仅旭日东升有无穷魅力,而且夕阳西下也有难以道尽的妙处。

依据日、地、月三者的相对位置,随着月地运动而变化所形成的新月—上弦月—满月—下弦月—新月的月相变化,往往给人以不同的心理感受而产生丰富的联想,故有"人有悲欢离合,月有阴晴圆缺"的名句。"月到中秋分外明",中秋赏月也已成为传统习俗。

第五节　地质公园生物旅游资源

生物旅游资源是自然旅游资源和旅游环境的重要组成部分,是自然旅游资源中最具生命力、最富有特色的类型。生物旅游资源具有较高的美学、观赏、休闲、保健、科研等价值,对旅游者具有较强的吸引力。生物旅游资源是一种可再生资源,但在开发利用的同时,必须加强保护,促使其永续利用。

一、生物旅游资源概述

生物是自然界中具有生命的物体,包括植物、动物和微生物三大类。生物是自然地理环境的一个组成要素,是自然生存环境的主体。

生物旅游资源是指具有较高观赏价值的,或具有美化、香化环境功能的,并能为旅游业所利用的生物资源。生物旅游资源是自然旅游资源中最具生命力的、最富有特色的类型。

(一)生物旅游资源的吸引因素

生物旅游资源由于本身或其所构成的群落及环境具有较高的美学、休闲、保健、科研等价值,对游人产生一定的旅游吸引力。生物旅游资源的吸引因素主要如下。

1.蓬勃的生机

生物旅游资源与其他自然旅游资源的最大不同点就是充满着蓬勃的生机。即使在最恶劣的自然环境,只要具有美感的动植物景观存在,就会使人耳目一新,使人为其顽强的生命所振奋,如南极洲的企鹅、冰山上的雪莲、戈壁滩的红柳等。显然,天高地远的大草原和一望无际的沙漠有着截然不同的美学风格。

2.艳丽的色彩

动物的皮毛、羽毛、鳞片,植物的花、果、叶、茎,都具有不同的色彩,能给游人以丰富的色彩美。如蝴蝶的翅膀,孔雀美丽的羽毛,斑马具有韵律的黑白条纹,金丝猴金光闪闪的长毛,北极熊通体的雪白……都能给游人以美的享受。绿是植物的基本色彩,它除了给人以色彩美外,还能激发人们愉悦的精神状态。植物的花更是色彩艳丽,春天大地复苏,百花竞开,万紫千红,如花似锦,一派兴旺的景象。

3.多姿的形态

动植物物种丰富,形态多样,风格迥异。植物的形态或婀娜多姿,或雍容高雅,或傲然挺拔。黄山松郁郁葱葱,傲然于岩石峭壁上,显得雄伟挺拔、坚强不屈。动物的形态也是千奇百怪,各具特色。如腿修长、头高昂的长颈鹿体态给人以典雅华贵的感觉,而浑圆敦厚的大熊猫则显得憨态可掬;海洋中的鱼类、海豚等优美的曲线,也令人称奇叫绝。

4.迷人的芳香

一些植物的叶、茎,尤其是花、果能散发出一定的香味,如茉莉花、桂花、檀木、栀子花、樟树等,这些具有香味的植物,往往被作为园林植物,不仅可美化、香化环境,而且香味袭来,能使游人有一种神清气爽、疲劳顿清之感。

5."悠古"的象征

动植物所蕴含的"悠古"之意主要表现在两个方面,一是某些植物,尤以古树为代表,有漫长的生活史,是沧桑历史的见证者,往往被看成是一座古城、古镇或古建筑物的活的标志物,人们常常倍加珍惜;二是指古老的孑遗种生物,就其种属的繁衍进化而言,有悠久的历史。如仅产于我国、与恐龙同年代的扬子鳄,原产于我国的银杏、水杉,以及仅产于美国的北美红杉等,都是见证地球环境变迁的"活化石",这对游人和科学工作者具有很强的吸引力。

6.奇特的现象

奇特动植物以其出奇的独特性吸引人们。这里所说的"奇特",或是指相对于生活在某一自然环境中的人而言,如奇特的热带森林,对于温带、寒带地区的游客来说,确为奇观;或以地球上绝无仅有的某一特征,如以最高、最大、最怪等而闻名。如产于我国和北美,叶似马褂的古老植物鹅掌楸;南美洲巴西高原上的纺锤树,又称瓶子树,好像一个大萝卜;分布于我国黑龙江、吉林两省交界处的木盐树,夏天树干上冒出的水分能凝成一层盐霜,质量可与上等盐媲美,刮下后可食用;此外,还有会流血的树,从不长叶的光棍树等。动物中奇特的体形、神态、生理现象亦很多,如陆地上体积最大、长有长鼻子和长门牙的大象,目前世界上最大的不能飞翔的鸟——鸵鸟,等等。这些奇特的动植物,既满足了人们的好奇心,又增添了游玩的乐趣,成为游客乐于观赏、猎奇的对象。

7.珍稀的物种

"物以稀为贵",生物旅游资源也是如此。越是珍稀,越能激发游客的观赏兴趣。如早在 2 亿多年前,就有遍布世界的银杏树,由于第四世纪冰川的"洗劫",使得银杏家族中众多成员都变成了化石,唯独银杏在我国幸存下来。银杏树姿优美,叶形如扇,微风吹拂,枝摇扇舞,深秋季节,满树金果,是著名的庭园观赏树种。迎客松、黑虎松、卧龙松、团结松等黄山名松的"神韵"是特有的地形、气候、品种、立地条件等因素综合作用的结果。

珍稀动物因其特有、稀少甚至濒于灭绝,而引起游人的极大兴趣。如有"兽中之王"之誉、体形高大雄伟的东北虎,是一种十分珍稀的动物,也是人们喜爱观赏的动物;澳洲的鸭嘴兽、树袋熊和大袋鼠等低等哺乳动物,因地壳演化、海洋阻隔、古地理环境变化等影响,仅分布于澳大利亚,旅游者往往以观赏这些稀有的动物感到自豪和满足。

8.丰富的寓意

世界上许多国家、地区或民族,对某些动植物赋予特殊意义,因而这些动植物也受到人们特殊的关注,从而引起人们的兴趣。如许多国家以雄鹰、雄狮来象征民族的威武,坚强不屈;有的国家以某种花或树为国花、国树,来表达人们的情感,寄托民族的理想,作为民族的象征;有的国家除国花外,还有国鸟、国兽等。

9.科考的对象

温室效应、环境污染、生态危机是摆在人类面前的重大环境问题。作为构成生态环境重要组分的生物个体及其群落的演化,以及其间的互生、共生、竞争、猎食等各种关系,自然是科学工作者研究考察的对象。旅游者通过生态旅游也可以提高自身的环境保护意识,自觉地参与到保护人类家园——地球的活动中去。

(二)生物旅游资源的功能

生物旅游资源的功能是多方面的,主要有构景功能、成景功能、环保功能。

1.构景功能

构景功能指的是生物具有美化环境、装饰山水的功能。失去生物,自然景观便会因此失去魅力。有的人将植物比作大自然的毛发,"峨眉天下秀"的"秀",指的就是在起伏流畅的山势上由茂密植被所构成的色彩葱绿、线条柔美的景观特色;"青城天下幽"的"幽",指的是在深山峡谷中茂密的植被更增加了其景深层次,使人产生幽深、恬静的美感。有人将动物比作大自然的精灵,"两岸猿声啼不住,轻舟已过万重山"描写的就是主要由猿声而构成的令人流连忘返的景观。"山清水秀""鸟语花香"所形容的都是由生物构景的功能。

2.成景功能

成景功能指的是自然界中由动植物本身的美感产生的景观。动植物的成景作用源于其形态和生命过程的美、奇、稀的特征。从生物的形态上看,不少植物的花色之艳、花姿之俏,不少动物色彩艳丽、体形奇特、鸣声悦耳,此为"美";不同的环境有不同的生物,对异城的人来说充满奇特之感,此为"奇";世界上数量稀少且又极具科学考察和观赏旅游价值的生物,被视为无价之宝,如大熊猫、朱鹮、美洲貘、金花茶、桫椤,此为"稀"。从生物的生命过程来看,植物随季节变化形成的春季观花、秋季赏叶,动物随季节迁徙形成的蝴蝶谷、天鹅湖等,都能成景。

3.环保功能

无论是从大的自然环境还是从局部的小环境看,生物的多样性、森林绿地的覆盖率等都与其环境质量有着直接的关系。森林可以防风、防沙,可以涵养水分、调节小气候,还可以吸收二氧化碳、生产氧气,降低烟尘、粉尘、噪音,杀灭细菌、净化空气等,具有十分重要的环保意义。城镇可以通过种植行道树,铺设草坪,建花坛、绿墙等来美化、净化环境。伴随着森林绿地的增多,大自然就会吸引大量的昆虫、鸟类等动物栖息,有利于形成一个空气清新、绿意浓浓、鸟语花香、令人向往的环境。

(三)生物旅游资源的特征

1.生命性

生命性指生物具有生长繁殖、开花落叶、衰老死亡、迁徙捕食等生命特性。它是生物旅游资源的本质属性,是旅游资源最富有生机和活力的类型。生物旅游资源的存在便可使风景区成为一个具有生气的景观综合体。在以山、水为主体的景区,若没有必要的生物,则景区将大失风采;在以人文景观,尤其是历史古迹为主的景区,若缺少了植被,或人烟稀少,又将会产生悲怆凄凉的景象。面对一个鸟语花香、树木苍翠、百花盛开的环境,则会使人轻松、愉快。

2.季节性

季节性是指生物随季节变化而发生的形态和空间位置变换而形成季节性景观的特点。随着季节的变化,生物也会出现周期性的变化,植物更显得突出。如不同季节有不同的植物开花,如春季的茶花、樱花,冬季的梅花;不少植物的叶色也随着季节变化而更换色彩,如北京的香山红叶就是北京秋季著名的景观。一些动物随季节有规律的南北迁移,如出现"雁南归"等生物空间位置随季节变化的胜景。

3.多样性

多样性是指生物旅游资源在空间分布上的广泛性和多样性。由于生物物种的多样性,从而造成生物旅游景观的多样性。另外,有些物种的形态会发生变化,从而出现同种不同形的现象。

中国地域辽阔,自然条件复杂多样,使之具有北半球几乎所有的生态系统类型,形成了复杂的生物区系构成,从而使中国成为世界上生物多样性最丰富的国家之一。

4.脆弱性

生物旅游资源尽管能不断生长繁殖,似乎可以无限制的再生,但其实它也有脆弱性的一面。由于人类无休止的开发利用资源,环境污染的加重,以及生态环境的恶化等原因,许多动植物濒于灭绝,如大熊猫、华南虎、白鳍豚、丹顶鹤、褐马鸡、玉莲等。

5.再生性

再生性指由生物的繁殖功能、可驯化功能和空间移植性所决定,由人与自然共同创造形成的生物景观的特性。生物具有较强的繁殖能力,这种能力决定了生物在相近环境下的再生性和利用的可持续性。然而,再生性是相对的,对于那些脆弱的、濒危的野生动植物和具有丰富人文内涵、历史悠久、形态奇特的古树名木,一旦被破坏和灭绝,则是不可再生的,因此,对它们需要倍加珍惜和爱护。

6. 观赏性

观赏性是由生物的色彩、形态、发声、习性、运动等特征引起人们美感的特性,这一特性也正是生物成为旅游景观的根本所在。动植物的色彩是最引人注目、最具感染力的。云南的一棵万朵山茶树被誉为"树头万朵齐吞火,残雪烧红半个天",十分壮观。北极熊雪一样洁白的皮毛,鸟类清脆、婉转的鸣啼声,使大自然充满活力。猛虎下山、鱼游水中的生物运动曾令不少人浮想联翩。

7. 怡情性

生物的某些特征中蕴藏着某种备受人们推崇的精神,能够启迪人的心灵,陶冶人的情操,这就是生物景观的文化价值所在。岁寒三友的松、竹、梅不畏严寒,成为人们不畏逆境的精神支柱;孔雀和大象成了傣族人民对美丽和威武追求的象征;在中国、朝鲜和日本,人们常把仙鹤和挺拔苍劲的古松画在一起,作为益寿延年的象征。同时,不少动植物因其精神价值而成为一个国家、一个民族、一个城市的象征,国花、国鸟、市花都寄托着人们的某种精神追求。

二、植物旅游资源

在植物旅游资源中,植物的美、特、稀、韵的特征使其成为自然界中最具吸引力的景观之一。不少植物具有较高的美学观赏价值而成为观赏植物;有的则以其特色吸引人们而成为奇特植物;在生物进化中也留下数量极为稀少、集科学考察与观赏为一身的珍稀植物;有的植物以其固有的特征在人类社会发展过程中成为某一精神之象征,并以其流风遗韵成为风韵植物。此外,还有古树名木、草原等具有综合特征的植物景观资源。

1. 观赏植物

根据观赏植物中最具美学价值的器官和特征,将其划分为观花植物、观果植物、观叶植物、观枝冠植物。

花是植物中最美、最具观赏价值的器官,花色、花姿、花香和花韵为观赏花卉的四大美学特征。在花的世界里可谓万紫千红,种类繁多。如我国十大名花为梅花、牡丹、菊花、月季、杜鹃花、荷花、茶花、桂花、水仙、兰花。

果实是丰收的象征,成熟的果实以其色彩、形态、美味吸引着人们。观赏果实的色彩以红紫为贵,黄色次之;果实的形状大小不一,有的大如篮球,有的小如珍珠,有的为圆形,也有的呈葫芦形,并各具风味,营养丰富,备受人们青睐。榴莲、西瓜、中华猕猴桃、梨、苹果、葡萄、柑橘、香蕉、荔枝、波罗蜜被誉为世界十大名果。

叶是植物的生命之源,虽叶之本色为绿色,但大自然中不少植物的叶色随季节变化出现极高的观赏价值,也有不少植物终年具备似花不是花的彩叶,故有"人们喜花,更爱叶""看叶胜看花"的诗句。

2.奇特植物

奇特植物即具有某些奇特之处,与常见的一般植物不同,这些植物往往以其独特或地球上绝无仅有的某一特征而闻名。如结"面包"的树——面包树;大胖子树——波巴布树;最高的植物——杏叶桉;最粗的植物——百骑大栗树;最大的花——大王花,大王花奇大无比,直径约 1.4 米,最重的超过 50 千克;树冠最大的树——孟加拉榕树。

3.珍稀植物

自 30 亿年前地球上开始出现生命起,植物物种的产生、发展和灭绝始终是绵延不断,新的物种不断产生,老的物种不断走向灭绝。在生物发展史中,只有为数极少的植物物种幸存下来,这些珍稀濒危植物是人类保护的主要对象,同时这些植物也具有极高的景观价值。例如,古老的活化石——水杉,1946 年在我国四川万县发现一株亿万年前地球上早已绝灭的水杉,称为"古老的活化石";中国的鸽子树——珙桐,珙桐原产中国,初夏开花,花形奇特,似白色鸽子,随风而舞,极其漂亮,西方人引种后称为"中国的鸽子树";稀世山茶之宝——金花茶,1960 年在我国广西南宁发现一种花呈金黄色的稀世之宝——金花茶,花色娇艳,分布面积狭小,数量极少。这些植物除具有科学研究价值外,也具有极高的观赏价值。

4.风韵植物

风韵植物因其物种及生长环境不同,而产生各自特殊的风韵,使之成为人类社会文化中某一种事物或精神的象征者。"国花"和"市花"成了一个国家和城市的精神象征。不少植物以它蕴藏的吉祥之意为人们传情送意。如松柏象征坚贞不屈、万古长青,松、竹、梅称岁寒三友,牡丹象征荣华富贵,茶花意为欣欣向荣,石榴象征兴旺红火,红豆意为思慕等。

5.古树名木

有些树木,以树龄长、规模大、形态美、社会环境特殊等为特色,称为古树名木。古树名木是历史的遗产,标志着一个民族、一个地区的文明历史。古树名木不仅具有深远的历史意义,而且也有重大的科学研究和观赏价值。气象学家通过对古树的研究,来探索这一地区的气候变迁历史;植物学家进行古树和古树群体的研究,以考证这一地区的生态环境和树本的生态习性、适应能力,以及森林群落特征和自然演替规律。例如,许多中外旅游者来到黄山玉屏楼前,总要争先拍照于迎客松旁。在我国的古刹寺庙、名胜古迹中,常常可以看到古柏参天,荫蔽全宇。生长在陕西黄陵县轩辕黄帝陵庙院内的黄陵古柏,高 20 米以上,传说为轩辕帝亲手种下的,已有四五千年历史。

6. 草原

茫茫草原,也是植物景观的重要组成部分,如在内蒙古克什克腾世界地质公园境内的草牧场和森林中,生长植物 92 科 347 属 1008 种,其中可食用植物 250 种,具有药用价值的植物达 200 多种,如白蘑、蕨菜、金针等,还盛产甘草、黄芪、麻黄等中药材。此外,辽阔坦荡的贡格尔草原与闻名遐迩的史前文化遗存、底蕴深厚的蒙古族文化交相辉映,使人向往。

三、动物旅游资源

动物,在自然界中最具活力。与植物相比,动物能运动,会发声,通人性,不少动物的体态、色彩、姿态和发声都极具美学观赏价值。世界各地历来就有观赏动物的传统。根据动物旅游资源的美学特征、珍稀程度、表演能力等方面的差异,可将其分为观赏动物、珍稀动物、表演动物。

1. 观赏动物

根据观赏动物的主要美学特征,可将其划分为观形动物、观色动物、观态动物和听声动物等。

动物的体形可说是千奇百怪、各具特色,蕴藏着一种气质美。如虎,体形雄伟,有山中之王的气度;腿修长、头高昂的长颈鹿的体态给人以典雅华贵的感觉;四脚如柱,身躯魁梧的长鼻子大象,虽大却不称王,给人以沉稳之感;尾巴似马而非马、角似鹿而非鹿、蹄似牛而非牛、颈似骆驼而非骆驼的"四不像"麋鹿,其体形更是耐人寻味,极具观赏价值。

世界上以斑斓色彩吸引旅游者的动物比比皆是。有的为纯一色彩,如北极熊,雪一般的白色绒毛给人以洁白无瑕的感觉;更多的是彩色组合,如黑白条斑排列极具韵律的斑马,圆形褐斑均匀撒落在黄色皮毛上的金钱豹。同时,许多动物又以其特有的色彩吸引异性或保护自己。

动物的形态也能引起人的美感,如猛虎下山之威武,鱼游水中之自由,骏马奔腾之矫健,猿猴攀缘之灵巧,大象出森林之雄健,以及孔雀开屏之美丽。此外,猴、狗和海豚等动物,经人训练,可进行杂技表演,是老少皆宜的观赏娱乐项目。

许多野生动物为了繁殖、捕食和寻找更为舒适的环境,都有集体随季节而迁徙的本能。这种成规模的集体远征,使某一动物在某时段的具体空间内形成极具观赏价值的胜景。鸿雁是我国南方的越冬候鸟,每年中秋前后,生活在西伯利亚一带的鸿雁云集成群,排列成纵队或"人"字雁阵,迁飞到我国南方越冬,来年春天再北返,极具观赏价值。此外,新疆天鹅湖的天鹅、青海湖鸟岛的鸟群、鄱阳湖的鹤群及昆明的红嘴鸥都构成了引人入胜的旅游胜景。

不少动物发出的悦耳之声也能激发人们的听觉美。"鸟语花香"说出了大多数鸟是大自然"歌唱家"的奥秘,善仿人言的鹦鹉历来受人们喜爱,云南鸡足山的念佛鸟发出"弥陀佛"的叫声,峨眉山万年寺的弹琴蛙的叫声如委婉动听的古琴声。

2.珍稀动物

珍稀动物指野生动物中具有较高社会价值、现存数量又极为稀少的珍贵稀有动物。这些动物深受世界人民所喜爱,具有极高的科考和观赏价值。其中,有的被视为民族精神的象征,有的被视为国宝。我国幅员辽阔、环境多样,有不少珍禽异兽,许多动物属于世界性的珍稀动物。一类保护动物中有大熊猫、东北虎、金丝猴、白鳍豚、白唇鹿、藏羚、朱鹮、野骆驼、长臂猿、丹顶鹤、褐马鸡、亚洲象、扬子鳄、华南虎等,其中大熊猫、金丝猴、白鳍豚、白唇鹿被称为"中国四大国宝"。大熊猫被世界野生动物协会选为会标。妩媚动人的新西兰国鸟几维鸟,光彩夺目的巴布亚新几内亚极乐鸟,性情温顺、体态憨厚的澳大利亚树袋熊等都是世界珍稀动物。

3.表演动物

动物不仅有自身的生态、习性,而且在人工驯养下,某些动物还会有模仿本领,即模仿人的动作或在人们指挥下做出某些技艺表演。如大象、海豚、猴、狗、黑熊等能做出可爱又可笑的模仿动作;有的鸟类也可模仿其他声音进行表演,如澳洲琴鸟,叫声如铜铃响,鸣声悦耳,还能模仿马嘶声、牛哞声、狗吠声、锯木声等;画眉、鹦鹉、百灵等也能学舌。马戏团的各种动物表演,更是人们乐意观赏的内容。所有这些特性无疑对游人有强烈的吸引力,也是观赏价值所在。

以上将动物旅游资源分为三大类,是依据不同特点来划分的。实际上,一些动物兼有三类动物的特点,如大熊猫、海豚等,既有观赏性、珍稀性,又有表演特长,还是珍稀动物,对游客极具吸引力。

第五章

地质公园旅游开发模式

地质公园的旅游是大融合、大学科、大投入的一种大旅游。地质公园的大旅游是指以世界极致美景为核心吸引物，以大区域生态服务的科学供给为主导，包括旅游要素产业、绿色农产品加工业、文化衍生品制造业、健康服务业等在内的，关联多业态并实现可持续发展的高端产业体系。

第一节　科技旅游模式

地质公园与其他性质的自然园（区）不同，进行科技旅游的开发有以下好处：①保护地质自然遗产及原有景观特色，维护生态环境的良性循环；②以地质遗迹景观为中心来规划景点、景区，可突出自然科学情趣、山野风韵观光等多种功能，形成独特风格和地域特色的科学公园；③建立地质公园博物馆和解说教育系统等科普旅游设施，可揭示地质科学奥秘；④深度开发独特的科研价值，将地质公园变为一处野外科普教育基地，寓教于乐，使游客在游览公园时能获得地学科普知识，这对游人特别是青少年游客有很大的吸引力。

接下来以景泰黄河石林国家地质公园为例来讲解科技旅游模式。

一、实证研究

（一）景泰黄河石林国家地质公园简介

景泰黄河石林国家地质公园位于黄河上游的甘肃省白银市景泰县东南部，与中泉乡龙湾村毗邻，北距景泰县城 70 千米，南离甘肃省会兰州 136 千米，面积 34 平方千米，其中石林面积 16 平方千米。景泰黄河石林国家地质公园在揭示黄河上游干旱石林地貌的发展演化规律、地质环境演变规律等方面具有重要的科学研究价值。在甘肃地区，地质遗迹资源整体开发滞后，与资源优势极不相称，在此旨在通过对景泰黄河石林国家地质公园的实证研究，为甘肃省地质旅游资源开发起示范作用。

（二）景泰黄河石林国家地质公园开发现状

景泰黄河石林景区内狭谷皆以沟命名，从东南至西北，共有八沟之多。已开发的饮马沟大峡谷内有"雄狮当关""猎鹰回首""大象吸水""千帆竞发""西天取经""月下情侣""屈原问天"等众多景点。景区内除石林外，尚有龙湾绿洲、滩坝戈壁、黄河曲流、河心洲及沙滩等景点。石林与黄河山环水转，动静结合，有峰林映水之妙，是景区的主体资源。景区将黄河、石林、沙漠、戈壁、绿洲、农庄等多种资源巧妙结合在一起，推出七大主体旅游项目：体验风情畜力车、黄河漂流羊皮筏子、龙湾古水车、人间仙境盘龙洞、"农家乐"西部乡俗游、风情万种的篝火晚会、宗教圣地清凉寺，同时坝滩的滑沙、捡黄河奇石、沙滩排球以及石林猎奇探险等也是景区内的娱乐项目。

(三)景泰黄河石林国家地质公园存在的问题

近年来景泰黄河石林国家地质公园旅游开发方兴未艾,羊皮筏子漂流、沙滩浴、农家乐等旅游项目深受游客欢迎,但是基本上仍停留在一般风景区的开发项目上,未能充分体现地质公园的独有特色。其中,存在的主要问题如下:

第一,没有正确认识到地质公园的内涵及价值。公园的开发项目主要集中于观光旅游、休闲度假、黄河漂流、民俗风情旅游等大众化的旅游产品,而对地质公园内特殊的地质旅游资源没有充分利用,深入挖掘。虽然挂着国家地质公园的牌子,但宣传推介仍停留在传统风景区方面和影视基地方面,对相应的地质科学内容重视程度不够,不能充分挖掘地质旅游资源,降低了地质公园的科学品味和内涵。同时,过分的开发和不充分的保护造成景区环境压力过大,产生了负面影响。

第二,地质公园旅游规划开发忽略地质专业人才的重要作用。景区的管理和服务机构及导游人员普遍缺乏系统的地理学知识的学习,导致景区内资源管理和保护得不到地质专业知识的支撑;旅游标识不能突出地质景观旅游资源,地质科技旅游特色不突出;在景区讲解过程中,只停留在对石林的形状和传说讲解的表面性上,缺乏对地质地貌的成因、演变和保护的科学解释,地质教育作用不能充分发挥;地质公园内缺少对地质科学内容的宣传介绍,造成地质公园名不副实。

第三,景区缺乏高科技手段支持,科技开发资金投入不够。就我国数量庞大的国家地质公园而言,应用地理信息系统的国家地质公园还是凤毛麟角,只有吉林长白山、广东丹霞山、四川九寨沟等少数几个国家地质公园建立了地理信息系统,与美国等国的国家地质公园地理信息系统的建设和管理相比,景泰黄河石林景区的地理信息系统建设工作还处于起步阶段,在利用地质科学成果进行旅游规划、景区景点的策划和制定等方面,现代技术支持还不够。

二、景泰黄河石林国家地质公园科技旅游开发

(一)景泰黄河石林地质概况

1.地质构造

景泰黄河石林景区是一处主要由新构造运动控制,雨洪侵蚀、重力崩塌和风蚀共同作用形成的地质地貌景观,它的形成演化过程清晰地记录了青藏高原抬升以来这一地区古地理环境的变迁。距今 6500 万～2300 万年前,强烈的燕山运动使甘肃大部分地区褶皱上升,米家山、松山升起,奠定了本区地形、地貌的格局。景区核心景观——古石林群形成于 210 万年前的积砂砾岩层,由于新构造运动、雨洪侵蚀及重力崩塌,形成许多高 80～200 米的峭壁、岩柱,组成峰林和峰丛。石林及周边地区分布着距今 5 亿年前的古奥陶系变质岩系,盆地中有沉积形成的下更新统灰黄色和灰紫色砾岩、局部夹粉红色砂岩的五泉山组砾岩;沟谷中有多级跌水陡坎

和水流携带泥沙在石林表面形成的泥幔；黄河在此形成Ⅰ级阶地、Ⅱ级阶地、河心滩；此外，还有风蚀作用形成的新月形沙丘。

2. 石林地貌

景泰黄河石林是中国垂直节理发育最完整的沙砾石林地貌群，景区内石林与峡谷、断崖并存，由于地壳运动、风化、雨蚀等地质作用，形成了以黄色砂砾岩为主，造型千姿百态的石林地貌奇观。以河湖砂砾岩为主的集雅丹、丹霞、峰林为一体的地貌奇观成为公园的主体。同时，在沟谷的不同位置分布着石林不同时期的形态：在沟谷最上游及沟岸两侧分布着石林地貌的最初形态——冲蚀凹槽和石芽；在沟谷的中部有石林发育早期的峰丛地貌；沟谷下游两侧有成熟期的形态为圆柱状、圆锥状、笋状、蘑菇状、城堡状等的峰林地貌；还有主要分布于饮马沟、豹子沟上游的石林发育较晚期的地貌形态——孤峰，以及晚期的地貌形态——残丘和崩塌。在各个沟谷内还分布着圆形、长条形、纺锤形等不同形状的风蚀穴和风蚀壁龛；在盘龙沟下游有风蚀作用改造岩壁上的泥幔形成的状如窗棂的特殊地貌——窗棂地貌，以及风蚀作用沿层理改造峰林形成的后期地貌形态——摇摆石。

（二）科技旅游产品设计

为了保护、开发和利用好这些丰富的地质旅游资源，需要将科技赋予旅游开发之中，充分挖掘地质景观的地理科技内涵，提高景区资源品位，设计出能满足旅游者新的消费理念的科技旅游产品，实施科技旅游发展战略。

1. 市场定位

景泰黄河石林国家地质公园的科技旅游市场类型可以划分为狭义市场和广义市场，狭义市场指地质及相关专业的专家、学者科考市场，而广义市场指强调科普、观光和健身等功能的大众市场。从该地质公园的开发现状来看，其市场定位既要面向专业化市场（学生教学旅游、专家学者科考旅游、一般科技工作者科考旅游），又要面向大众化市场（普通旅游者科普教育旅游，普通旅游者观光、探奇），而后者是公园生存和发展的基础。

2. 开发新型产品，实施精品带动战略

第一，开展以广大旅游者为对象的地质科普旅游活动，扩大地质遗迹知识的普及，使公园成为传播知识、开展科普的基地。景区中应增添科学内容，如对该地区的地质运动、气候变化等知识的讲解。景区讲解词中应减少神话和传说比重，还应通俗易懂，如可将"节理"讲解为"裂隙"，从而使游客不会感到讲解的枯燥乏味，失去游览的兴趣。景区还可以在特定时间内组织由地质专家带领的徒步旅游，寓科普教育于游览，寓知识传播于休闲。

第二，开展以中、小学为主体的教学旅游。通过参观石林博物馆，让学生了解地学知识，认识地质地貌现象，普及地质科学知识；在观景廊观看雄伟的石林全景；

在水车园了解水车原理；介绍黄河相关知识，了解黄河水污染严重的现状，增强学生保护水资源和节约用水的良好意识。

第三，公园还可与大学和科研单位合作，开展以大专院校、研究机构和专业人员为主的科考旅游活动，共同开展地质科学研究。公园可通过共同研究提高科技含量，甚至可以成为某些重大地学问题的研究基地或中心，进行地质考察，野外研究，甚至还可以组织专题研讨会。公园还可与专家合作出版相关地质书籍、刻录光盘甚至是制作一些标本和模型，把科普宣传从野外延续到室内甚至是游客离开公园之后。

（三）解说教育系统

解说教育系统是指运用各种媒体和表达方式，使特定信息传播并到达信息接收者手中，帮助信息接受者了解相关事物的性质和特点并达到服务与教育的基本功能。由于地质公园与一般风景区相比，以科研价值和科普旅游为主导，属高层次高品位的旅游地，所以地质公园的解说教育系统一般分为景区教育解说系统、景区道路布局指示、景区服务设施说明三部分。

1. 景区教育解说系统

景区教育解说系统是地质公园科技旅游的重点，是地质公园教育功能发挥的必要基础。如在石林风景区内由特殊地质作用形成的形状奇特的石笋、石柱、石峰等旁边，应重点树立环保性解说牌对其地质地貌演变过程、特点、成因进行科学的解释说明；在必要时还可以配有经地学专业知识培训合格的导游人员图文并茂的讲解；还可以给游客发放可携式电子解说工具。景区内还可以专门出版有关石林地质地貌的书籍、平剖面地质图，以及制作各种相关画册、照片集、明信片、DVD等，以及提供三维动态模拟技术的各种高科技视听产品。

2. 景区道路布局指示

景区道路布局直接影响游客游玩时的顺序和方便程度，在考察了景泰黄河石林风景区内的道路布局后，该景区内的道路布局比较合理。但在旅游旺季景区内游人增加时应考虑景区容量，要适时限制景点的游客数，还应根据不同的地域分化出不同的保护等级和不同的旅游线路。景区内应该对不同的旅游线路有明确详细的牌示（包括路段距离、难易度、趣味性和科普性的比重），方便旅游者在选择时做出判断。由于石林特殊的地质情况，鉴于地形、水和土壤的化学成分、肥力、山坡稳定，以及地下水、黄河水的流动模式等是地质作用的主要决定因素，故要对景区实时监控，在第一时间发现地质地貌的变动，并在易侵蚀地段、拐弯处设置各种方向指示牌，危险地段设置忠告警示牌，并在生态脆弱地段设置提示牌，避免对石林地质景观的践踏和破坏。

3.景区服务设施说明

景区服务设施说明主要是在游客服务中心。一般游客进入景区前都会先在游客服务中心逗留,可以在此放置一些印刷物,方便游客在此逗留时翻阅了解景区线路、精华景点的位置等。游客服务中心还可以设立大屏幕放映景区地质遗迹形成过程,如地壳运动、构造运动等,游客在此可以事先了解石林的相关地质遗迹的知识,还可以摆放一些地质遗迹的陈列、遗址的再现等,以提高旅游者的旅游质量。

三、地质公园科技旅游之开发

近几年我国开始建立的国家地质公园,特别强调提高保护、开发和管理的科学内涵与科学层次,因此,应利用此机会选择有条件的国家地质公园,进行科技旅游开发,实现公园旅游科技创新,尤其应搞好地理信息系统建设与应用的示范。

(一)地质公园科技旅游资源的探查

地质科技旅游是科技理念中地质学与美学的一种结合,涉及的学科和技术众多。首先是地质科技旅游资源的探查研究技术,包括常规的地质勘察钻探工作,以实地考察地质公园的地质、地貌、岩层、水文地质等地理要素;其次应结合一系列现代高科技手段,如卫星定位及航空遥感、计算机数值模拟、地质雷达探测、TSP 地质预报、CT 层析成像等。在此过程中,地质工作者扮演着极其重要的角色,通过分析其形成过程,研究可能形成各种旅游地质景观的地质条件,确定可能形成各种不同类型旅游地质景观的区域,并综合评价其各种旅游资源,以指导地质科技旅游的开发。

(二)地理信息系统在地质公园科技旅游中的应用

探索利用地理信息技术,开发国家地质公园地理信息系统的目的是提供可用的地理数据和信息,对地质资源和旅游区规划进行科学管理。国家地质公园地理信息系统的数据库可囊括旅游、环境、地理、地质、水文、地球物理与地球化学等各个方面。比如,利用历史上已经形成的各类科学图件和数据,如植被分布图、土地利用图、土壤类型分布图、地球化学元素等值线图、TM 卫星遥感图等进行叠加,可得到相应规划分析图及管理决策数据:外来植物图、珍稀动植物栖息地分布图、火灾分布控制图、地质灾害预测、分析人类活动与设施建设对公园资源的影响、进行土地利用与保护的分析、确定公园中优先发展的区域等。地理信息系统除了在上述应用方面给地质公园科技旅游开发提供支持外,其最为直接和有效的利用是制作面向游客的多媒体信息系统、建立三维模型等。

(三)地质景观的三维重建技术

探索开发地质公园景观形成演化的三维动态模拟系统,将地理科学内涵有形展示,从地质科学和技术手段两个层面提升地质旅游资源的科技含量,以及旅游产品的知识性、趣味性和直观性。地质景观的三维重建技术主要包括虚拟景观的重建和漫游技术。如果输入的是遥感图像数据，只需对图像重采样，然后进行图像滤波、压缩、校正、重构等操作即可。对于非图像数据，首先要进行数值初始化操作，对研究区的大比例尺图进行数字化，然后划分网格，进行数据的插值操作，同时对高程值进行采样，建立三维地形。为了显示效果的逼真化，常常还要对三维地形做一些视觉效果的处理，投影变换（包括透视投影和平行投影）和明亮阴暗效果处理是两种比较常用的方法。另外，纹理信息（来源于卫星照片和彩色地形图等）也经常被用来提升视觉效果。

景观漫游在设计时主要考虑漫游的方式（步行模式、飞行模式、自动沿线飞行、游戏杆、立体眼镜等），显示界面的总体布局、数据的获取（数据结构和信息量）等，其中最关键的是二、三维信息无缝整合。这是由于视觉习惯原因，人们一方面需要体会在三维环境中漫游的沉浸感，另一方面又要以传统平面方式概览信息。通过二维节点，用户可以将图片、媒体、图表等任何二维信息进行展示，并且可以根据需要随意调出。

四、结语

从发展前景看，随着知识经济时代的到来以及旅游业的进一步发展，科技文化旅游的意义越来越被人们所认识。就客观的、相对不变的地质景观而言，其作为旅游资源品位高低及可利用性的评价因素则是可变的，其可变性就在于科技内涵的发掘程度，充分挖掘地质景观地理科技内涵是提高旅游地质资源品位，增强产品吸引力，满足旅游者新的消费理念，增强旅游资源经济效益的根本所在。地质科技旅游必将给旅游业的发展注入新的活力，并使我国地质公园在普及地质科学知识、提高旅游业的科学含量等方面发挥应有的作用。

第二节　生态旅游模式

一、地质公园生态旅游资源特色

（一）地质公园的主导性旅游资源是地质遗迹景观

地质遗迹景观是指在地球演化的漫长地质历史时期由于内外力地质作用，形成、发展并遗留下来的不可再生的地质自然遗产，是生态环境的重要组成部分，具有重大的科学价值。地质公园内地质遗迹景观包括以下六个方面：①对追溯地质历史具有重大科学研究价值的典型地质剖面和构造形迹；②对地球演化和生物进化具有重要科学文化价值的古人类和古生物化石与产地以及重要古生物活动遗迹；③具有重大科学研究和观赏价值的奇特地貌景观；④具有特殊学科研究和观赏价值的矿物岩石及其典型产地；⑤具有独特医疗、保健作用或科学研究价值的温泉、矿泉及有特殊地质意义的瀑布、湖泊和奇泉；⑥具有科学研究意义的典型地质灾害遗迹。

（二）地质公园具有原生性自然生态

地质公园大多属于山地型自然生态系统，地质构造非常复杂，地貌类型十分丰富，而且气候宜人。特殊的地质和地理环境孕育了十分丰富的自然生态景观，诸如高山、峡谷、溪流、瀑布、温泉、雪山、云海、日出、原始森林、珍稀动植物和奇峰怪石等。

（三）地质公园存在原生性自然与人文资源

地质公园与其他旅游区一样，人文旅游资源（如宗教圣地和民族风情）与自然旅游资源紧密结合，相得益彰，成为地质公园发展旅游必不可少的配套性旅游资源。

二、地质公园生态旅游开发模式

（一）功能分区开发模式

我国地质公园可以借鉴欧美国家地质公园的保护措施，并结合地质公园的实际情况，对保护区进行严格的功能分区。地质公园功能分区分为以下 5 五个部分。

（1）生态保护区：以保护地质遗迹，涵养水源，保持水土，保护公园生态环境为主要功能的区域。对公园内有科学研究价值或其他保存价值的地质地貌自然景观及其环境，应划出一定的范围与空间作为生态保护区。

（2）特别景观保护区（重要地质遗迹保护区）：独特的地质遗迹景观保护区。对需要严格限制开发行为的地质遗迹景观，应划出一定的范围与空间作为特别景观保护区。

（3）史迹保护区：历史遗迹需要特别突出保护的地区。在公园内各级文物和有价值的历代史迹遗址的周围，应划出一定的范围与空间作为史迹保护区。

（4）风景游览区：游客游览观光区域。

（5）发展控制区：布置主要的旅游基础接待设施。在公园范围内，对上述四类保护区以外的用地与水面及其他各项用地，均应划为发展控制区。生态保护区、特别景观保护区和史迹保护区是地质公园需要特别保护的地段，相当于核心区，只能开展有限的科研和旅游活动，只能徒步或非机动车辆进入，不能有任何旅游基础设施。风景游览区实际上相当于缓冲区，紧靠特别保护地段起保护作用，可配置少量简易接待设施。发展控制区相当于外围区，是保护区的外围保护带，可以布置主要的旅游基础设施。

（二）生态产品设计模式

1.产品规划原则

地质公园的产品设计应充分突出地学旅游产品特色，强调"食、宿、行、游、娱、购、学、研"八方面内容。地质公园旅游产品规划应把握以下几个原则：①突出主题，体现科学。充分体现其科学价值，突出主题和特色，让游客在欣赏自然美的同时，亲身体验大自然的神韵和奥秘，集科学性、参与性、趣味性于一体。②开发多元性产品。充分发掘旅游资源多样性的潜力，开发多元性的大众旅游产品。同时，注意地方文化的提炼，融观赏性、参与性、娱乐性于一体。③积极开展绿色山地生态游，开发生态旅游产品。④发展大旅游观念，与周围世界级、国家级等高品位旅游产品串联起来，构筑不同旅游特色的大循环路线。

2.产品类型

地质公园内除了地质遗迹景观外，还有丰富多彩的生态旅游资源和人文景观，适宜开发多种多样的生态旅游产品。旅游产品可归为八类，即地学科考旅游产品（包括地质奇观科考观光旅游产品、教学研究和科普教育旅游产品）、自然地理考察旅游产品、自然观光旅游产品、避暑度假旅游产品、康复疗养旅游产品、文化旅游产品、观光农业旅游产品和登山探险旅游产品。

（三）解说教育系统

地质公园博物馆是实施解说教育的媒介和重要场所，是决定地质公园教育功能、服务功能、使用功能得以发挥的必要基础，是管理者用来管理游客的关键工具。博物馆可以通过图片、实物、简明通俗的文字与多媒体技术（如电子模拟）的应用，融科学性、观赏性与趣味性于一体，满足普通游客、学生与科技工作者对地球知识的需求。地质博物馆还可以承担起相关学科环境教育、科学研究、科普娱乐和生态教育基地的任务。地质公园博物馆建设包括序厅（简要概述自然地理、地质构造背景等）、地质遗迹景观展厅、人文旅游资源景观展厅、生物与景观生态展厅、科研与开发展厅、旅游展厅和实物展厅等。

（四）科学管理模式

一些地质公园内部存在多种景区（如风景名胜区、自然保护区、森林公园、文物保护单位等），其管理体制是：在自然资源部的统一管理与协调、监督下，实行多部门的协调管理。建设和主管地质公园的国家职能部门有自然资源部系统、林业部系统、环保局系统、文物保护系统、建委系统、中国科学院系统以及各级地方政府等，故地质公园是一个跨地区、跨部门、跨行业的旅游区，应尽快建立具有中国特色的国家地质公园管理体制，即地质公园管理委员会制。地质公园管理委员会制的特征包括：①组织特征，行政上垂直领导；②责任特征，参与管委会的人员既对管委会负责,也对派出的职能部门负责;③规划设计高度集中;④权限特征,所有权、管理权和经营权分离;⑤当地居民、社区、游人、企业和政府共同参与管理。

(五)投资机制模式

地质公园的总体性质与运行方式和筹资方式是建设有中国特色地质公园投资机制的关键。根据地质公园的环境特征、资源价值和市场价值(见表5-1),可把地质公园分为保护型、限制开发型和开发利用型,因此地质公园的投资机制可划分为 A、B、C、D 四种类型(见表5-2)。

表 5-1　国家地质公园类型和投资机制的划分

地质公园类型	投资机制	环境特征				资源价值			市场价值		
		环境脆弱性	生态敏感性	环境容量	抗干扰性	科学价值	观赏价值	配套景观	区位条件	可进入性	社区经济状况
保护型	A	很脆弱	很敏感	很小	很弱	极大	好或差	好或差	好或差	好或差	强或弱
限制开发型	B	较脆弱	较敏感	较大	较强	极大	较好	较好	较好	较好	较强
	C									较差	较弱
开发利用型	C	不脆弱	不敏感	大	强	极大	好	好	好	较差	较弱
	D									好	好

表 5-2　投资机制的类型

投资机制	投资主体									
	公共投资渠道(政府、基金海外发展援助和基金等)/%					其他投资渠道(国企、私企和私人等)				
	基础设施	服务设施	景区建设	市场营销	可持续发展	基础设施	服务设施	景区建设	市场营销	可持续发展
A	80	60	60	80	20	20	40	40	20	80
B	70	50	50	50	70	30	50	50	50	30
C	60	30	30	30	40	40	70	70	70	60
D	50	10	10	30	40	50	90	90	70	60

(六)资源信息管理模式

国外对国家公园资源管理最为有效的方式是在国家公园内部建立旅游地理信息系统。旅游地理信息系统在地质公园的应用重点包括:获取公园的地图数据,分析旅游资源的分布和变化趋势,分析游客对公园的影响,生态环境的重建,以及对日益庞大的地理信息系统和全球定位系统数据的管理等各个方面内容。通过地理信息系统这个强有力的工具,推动国家级的地理信息系统合作,实现自然资源共享,加强地质公园的合作与国内外信息交流,解决资源管理方面的难题,判断旅游资源变化的模式和趋势,更好地为保护地质遗迹服务。

第三节　休闲度假模式

本节以八台山地质公园为例来讲解休闲度假模式。八台山自 2013 年评定为国家地质公园以来,始终仅采取观光型景区的开发模式,然而作为地质公园,其南北熔岩地貌在川陕渝地区并不具有唯一性,仅依靠地质公园的品牌无法吸引大量的游客。因此其旅游开发必须重新挖掘其景区的核心价值,借助强大的外力,基于休闲度假旅游趋势下,创新国家地质公园的旅游开发模式,才能引领八台山地质公园景区旅游走出困境。

一、休闲度假游客的消费特征分析

休闲度假游客消费的动机主要为休闲放松、感受愉悦,拥抱大自然,感受新奇、独特的异域风情,充实知识,享受风味美食,怀旧、思古,审美体验,满足购物欲等。旅游业态迅速地转型需要新的旅游开发思维,只有把握准休闲度假时代旅游新特征才能形成较系统的旅游开发新观念。

二、地质公园开发模式案例借鉴

目前四川省及周边的陕西、重庆有许多地质公园,这些地质公园的开发模式主要有三种,具体如下。

1. 单一资源导向模式

该模式下的地质遗迹在地质历史时期具有典型的地质代表性。如重庆武隆国家地质公园,一般采用优质优价的高门槛定价策略。

2. 组合资源导向模式

地质遗迹与其他类型资源的组合状况直接决定地质公园的开发规模和潜力。如张家界国家地质公园,组合了湘西少数民族风情、历史名人故居、古庙、古建筑、温泉等资源,还开辟了索道等现代化观景设施,新建仿古式半露天江垭温泉度假村,结合凤凰古城资源开发民族休闲度假旅游产品。

3. 市场导向模式

此种模式强调地质公园所处地理位置优越,能根据市场需求变化及时进行项目、产品的设计。如北京房山世界地质公园,因周口店北京人遗址是中更新世人类的发祥地而举世闻名,明确提出了以首都经济为导向,为游客提供一处内容丰富的科普知识场所和生态环境优美的休闲度假胜地。

因此,八台山地质公园不能仅做地质观光旅游,应以品质度假的复合功能为突破口,发挥其生态休闲功能优势,满足市场品质度假需求,着重打造其成为集山岳观光、生态休闲、主题游乐及品质度假功能于一体的复合型综合旅游区。

三、八台山地质公园旅游发展定位

以优越的山水生态环境为依托,以绝美的景观体验为特色,以多种文化的融合共处为发展契机,以文化·生活·休闲为发展轴线和时空序列,努力将八台山—龙潭河旅游区打造成为:融享受自然、探秘奇观、品质度假、特色美食和休闲养生为一体的国家 AAAAA 级旅游区,中国南北地质科考乐园,川陕夏都避暑度假基地,国际人与自然和谐共处的典范型旅游综合体。

八台山景区应在可持续发展理念的原则下,立足地质公园的特殊科学意义、稀有性和美学观赏价值,以特色资源与八台山的绝壁峭崖实体旅游资源为突破口,并强调人在景点中的参与方式,争取打造成为形象鲜明、重点突出、参与性强,具有较强影响力的国家级精品景区。

》第六章

地质公园旅游安全管理

第一节　地质公园旅游安全与危机的概念及特点

"没有安全,就没有旅游。"这些年,每逢重大节庆日前后,全国各大景区(景点)都会出现人气高涨的局面,一些关于景区(景点)游客爆满、道路拥堵不堪以及由此引发的景区安全事故的新闻也常见诸媒体,这些负面的报道让旅游成为社会舆论关注的焦点,引发社会公众更为广泛、激烈的讨论,成为旅游业健康可持续发展的一个"痛点"。地质公园是最重要的游客集散地和旅游体验地,除了优美的环境、优质的服务,还应将景区安全列入旅游业的关注重点,尽量减少各种旅游活动可能产生的安全威胁。自 2016 年 12 月 1 日起,由国家旅游局发布的《旅游安全管理办法》正式施行。《旅游安全管理办法》调整和规范了旅游安全工作主体,并分别对旅游部门和旅游经营者提出了明确的职责和要求。

一、地质公园旅游安全的概念

地质公园旅游安全是一个综合的概念,既涉及旅游者在景区的安全,也包括地质公园旅游资源、设施设备、从业人员的安全,以及景区管理者应对各种突发事件、化解风险、抵御各种灾害、维持稳定的能力。

(一)旅游安全的概念

安全,即平安、不受威胁、没有威胁。1943 年,美国心理学家马斯洛提出了著名的"需要层次理论",即生理需要、安全需要、社交需要、尊重的需要以及自我实现的需要,其中,安全需要包括安全感、稳定性、秩序以及在社会环境中的社交安全需要。马斯洛指出,安全需要是人类除生理需要之外最基本的需要。

旅游活动中,游客离开了日常生活的地方,在陌生的环境里会造成心理紧张,其人身安全、身体安全、财务安全等问题需要得到保障。旅游目的地必须对游客的安全问题予以承诺和落实。

地质公园是旅游者活动的载体,是重要的集散中心,而地质公园旅游安全是维护景区形象、提升服务质量、保证旅游活动正常开展的重要前提条件。地质公园旅游安全是指地质公园旅游管理者根据国家安全工作的方针政策,在接待服务过程中采取多种措施和方法,消除景区各种不安全因素,以确保景区和旅游者的人身、财产和心理安全。

(二)旅游安全的特点

旅游安全与旅游业的特点有密切的关联,其特点如下。

(1)脆弱性。旅游业是脆弱的行业,旅游安全也同样是脆弱的。任何的"风吹草动"都有可能对旅游业造成不利的影响。

　　(2)心理性。旅游安全更多地会在游客心目中造成影响,且心理作用非常明显。

　　(3)影响性。旅游安全对旅游者、旅游企业都会有较大的影响。

　　(4)负面性。一般来说,旅游安全基本上是负面的影响。

二、旅游危机的概念及特点

　　旅游危机是旅游安全的升级版,是旅游安全出现问题后造成了一定的危害所呈现的一种状况。

(一)旅游危机的概念

　　世界旅游组织认为旅游危机是指影响旅游者对一个目的地的信心并扰乱继续正常经营的非预期性事件。这类事件可能以无限多样的形式在许多年中不断发生。我们认为旅游危机就是旅游活动过程中出现的困难影响其正常活动并带来一定危害的事件。这些事件是非预期性的,并且扰乱了旅游者的信心,对目的地的管理和企业的经营造成了困难,甚至带来一定的危害。如果不加以解决,任其发展扩散的话,可能会对发生地造成严重的影响。

(二)旅游危机的特点

　　旅游危机具有非常明显的特点,主要表现在以下几个方面。

1.隐蔽性

　　旅游危机具有非常强的隐蔽特征,是在人们意想不到、没有做好充分准备的情况下突然爆发的,如自然灾害造成的危机、食物中毒事件造成的危机等。

2.紧迫性

　　旅游危机爆发后,会以十分惊人的速度以及出人意料的方式演变或恶化,并且会引发一系列的后续问题。例如,游客的安置、转移的难度、旅游外部声誉的损害、旅游企业经营环境的恶化等。

3.危害性

　　旅游危机发生后会在短时间内对旅游业造成严重的影响甚至会形成一定的打击,而且涉及面较广,后续影响持续时间较长,可能对旅游"六要素"造成连带影响等。

4.双重性

　　双重性即危险与机遇并存。危机处理及时就能够挽回影响,把坏事变成好事。如果处理不及时或处理不当,会加重危机的负面影响。

5.扩散性

　　危机爆发之后,扩散会非常快速,会冲击到其他地区,甚至影响到全球。化危为机是旅游危机处理的根本目的。

三、旅游灾难

旅游灾难是旅游危机的升级版,是比旅游危机更为严重的、造成重大生命财产损失的一种情况。

(一)旅游灾难的概念

旅游灾难是由于自然或人为的原因破坏了旅游业表面的和潜在的经营并造成重大人员和财产损失的旅游事故,如洪水、飓风、火灾、火山爆发等自然灾害以及政治动荡、恐怖袭击、重大犯罪、恶性疾病等事件对旅游业造成破坏性影响的事故。旅游灾难会造成人员的伤亡和重大财产损失。

(二)旅游灾难的特点

1.突发性强

旅游灾难是在人们毫无防备、根本不可能预防的情况下突然爆发的。它是偶然发生的,没有规律可循。

2.波及面广

旅游灾难的波及面会非常广,可能是全国性的,也可能是全球性的。

3.破坏性大

旅游灾难性事件会造成重大人员伤亡和财产损失,具有较大的破坏性。无论是对游客还是旅游企业,甚至对社会都会造成很大的负担。

4.影响深远

旅游灾难使人印象非常深刻,在很长的时间内人们仍然记忆犹新,难以忘怀,甚至永远无法抚平悲痛。

5.恢复困难

灾难发生后,人员的损失永远不可能挽救。并且对旅游基础设施的破坏难以恢复,需要大量的资金、时间以及高超的科技才有恢复的可能。

四、开展地质公园旅游安全管理的重要性

地质公园作为旅游业的重要组成部分,是游客旅游的最终目的地和重要集散地,其面临的环境相对复杂,因此,要确保景区能够持续稳定发展,安全是不容忽视的一个重要环节。地质公园旅游安全涉及旅游者、旅游经营者和旅游业的共同利益。

(一)对旅游者而言

地质公园旅游安全是提高游客满意度的重要保证。根据马斯洛需求层次理

论,安全需求是仅次于生理需求的基本需求。外出旅游对于人们来说,属于较高层次的享受需求和发展需求,要想使高层次的旅游活动行为得到满足,提高游客的满意度,就需要有较大程度的旅游安全保障作为基石和现行条件。

(二)对旅游经营者而言

地质公园旅游安全是保证旅游活动顺利进行并获取良好经济效益的前提。虽然旅游经营者的经营目的不同,但都要在确保各项旅游活动正常运行的情况下,通过满足游客的需要达到自己的目的。而旅游事故的发生,无疑会给旅游经营者旅游活动的正常开展带来不同程度的影响,如直接的经济损失,较长时间内游客量的大幅减少,信誉和形象的破坏等,更严重的是可能直接导致景区旅游毁于一旦。

(三)对旅游业而言

旅游安全是旅游业可持续发展的基础。根据经济学中的"木桶原理",即木桶容量的大小并不取决于最长的那根木条,也不取决于平均长度,而是取决于最短的那根木条。若某一要素极端恶劣,其负面效应足以抵消其余要素的全部正效应,就会出现服务业"$100-1=0$"的情形。因此,不管哪个方面出现安全问题,都会对景区整个旅游业产生影响。它不仅影响到旅游业的形象和信誉,还关系到旅游业的生存和发展。

第二节　地质公园旅游安全系统

一、地质公园旅游安全隐患因素

(一)旅游者因素

1.游客安全意识差、安全行为差

旅游的本质决定了旅游者以追求精神愉悦与放松为特征和目的,这就导致游客出游的主要动机是放松身心、逃避世俗环境等。这些出游动机更多地使游客容易流连于山水之间而在精神上放松警惕,在行为上放纵自己。这些都为旅游安全隐患成为现实提供了温床及恣意扩大的空间,如随意扔弃烟头,在干旱季节里野炊、野外烧烤,从而引发山林大火等。

2.游客盲目追求个性体验

一方面,部分游客刻意追求高风险行为,个别游客甚至不顾生命安全而去寻求一种危险刺激,包括峡谷漂流、探险旅游、野外生存等活动在内的一批惊、险、奇、特旅游项目成为流行时尚。另一方面,游客早已不再满足于传统的被动旅游方式,而是纷纷转向主动式、自助式、多文化主题的个性化旅游,主观上愿意选择游客相对

较少的景区,强调刺激和动态参与,单独行动、随性而为,这些容易导致旅游安全事故的发生。如2013年发生的"人被钟罩"事件,当时在某纪念馆,一名男子突发奇想钻到大钟里去玩,随行的四五个朋友玩性大发,将大钟转来转去,结果导致固定大钟的螺丝松动,随着"咚"的一声巨响,大钟突然掉了下来,把那名男子罩在了钟下。

(二)景区管理者因素

1.管理人员不足

旅游活动涉及方方面面的事务,旅游安全也涉及方方面面的事务。在这种情形下,许多景区管理者往往抱着侥幸的心理,认为事故不会轻易发生,他们要么为应付相关部门检查而组建一个可有可无的安全管理机构,要么干脆为了节省开支尽可能地减少安全工作人员,在旅游高峰期出现安全工作人员短缺后,便临时抽调一些无相关工作经验和安全知识的人员充数,这是极其危险的。

2.安全体系不完善

大多数地质公园还没有建立起完善的安全体系,缺乏必备的安全防护设施,也不能把安全管理工作落实到日常管理中。例如,不按标准要求进行安装、试车和检验就投入运营,旅游设施老化,操作失误等,这些人为因素造成的旅游安全事故层出不穷。

3.景区管理手段落后

大多数景区仍停留在原始的巡逻阶段,无法对事故的发生进行有效的监控。从地质公园旅游自身环境来看,容易出现发生事故的"爆点"。这是因为,景区内往往集自然山水之大成,包括陡峭的山峰、茂密的森林、弯曲的河流、幽深的山谷等多种自然要素,其地形、气候复杂。另外,景区面积大、人员复杂、游客流动大,不易于防卫,这些都在客观上造成了安全隐患。因此,仅靠偶然警觉和自发防控并不可靠,"零事故"目标的实现还有赖于先进的管理方法和高新技术在旅游安全管理上的使用。

(三)社会因素

1.社会管理机制不健全

我国旅游安全管理部门多而复杂,风景区的日常工作涉及多个政府职能机构,如旅游、工商、林业、环境等诸多部门。但这些部门、机构大多没有完全理顺彼此间的行政关系,由此导致多头领导、管理错位和混乱。更严重的是,由于职责不明、责任落实不到位等原因,形成了管理上的"真空地带"。这种局面使景区安全受到威胁,安全隐患问题得不到及时发现和解决。

2. 相关法规不配套

我国在旅游安全管理立法上,还存在许多空白处。一些受游客欢迎又对安全需要有较高要求的特殊旅游项目未能纳入安全管理规范,容易导致安全事故发生。同时,有关旅游的政策、法规相对于旅游经营实践存在滞后性,至今还没有建立起专门的旅游安全法。

3. 旅游安全管理执法不力

由于种种原因,已有的相关法律法规及安全制度并没有得到很好的落实;同时,我国地质公园旅游普遍存在重旅游基础建设、轻安全设施建设的现象。这二者的结合使景区存在安全隐患,直接给游客的安全带来了威胁。

(四)其他因素

导致地质公园旅游安全事故的其他因素主要是自然因素,如洪水、泥石流、滑坡、地质自然灾害等,这些因素在山区型景区最容易发生。在旅游高峰期,一旦发生旅游事故,往往会造成重大的损失。此外,也有人为因素,如旅游设施的设计不合理、质量不过关等,往往也埋下了安全的隐患。

二、地质公园旅游安全系统结构

目前,我国相关的法律法规和规范性文件中也涉及了地质公园旅游安全系统的组成与内容,如《风景名胜区安全管理标准》将风景名胜区安全管理的主要内容设定为游览安全、治安安全、交通安全、消防安全。《旅游区(点)质量等级评定办法》(2005)规定的安全方面评价包括安全保护机构、制度人员、安全处置、安全设施设备、安全警告、安全标志、安全宣传、医疗服务、救护服务。《旅游安全管理办法》规定了地质公园旅游安全管理涵盖的旅游经营者安全、旅游风险、旅游突发事件、旅游罚则等内容。

相关专家学者也从不同角度来表述地质公园旅游安全系统。王志华、汪明林从内外部角度提出旅游安全管理系统包括外部旅游安全管理系统和内部旅游安全管理系统。王昕等从安全管理角度提出了旅游安全管理系统由景区安全预防预警系统、景区安全现场控制系统和景区安全应急避险管理系统组成。王瑜、吴贵明认为,风景区旅游安全管理系统可以由控制机制系统、信息管理系统、安全预警系统、应急救援系统四个子系统组成。王丽华、俞金国以游客供求关系为核心,提出了城市旅游地旅游安全系统由核心、辅助和支撑三个子系统组成,较全面地阐述了旅游地的旅游安全系统,对分析地质公园旅游安全具有启示意义。借鉴相关研究成果和文件规定,根据地质公园旅游服务与管理的内涵,本书从景区服务供需角度,认为地质公园旅游安全系统由三个子系统构成,即核心子系统、辅助子系统和保障子系统。

（一）地质公园旅游安全核心子系统

地质公园旅游安全核心子系统主要是以满足旅游者的"吃、厕、住、行、游、购、娱"七要素为核心需求的服务安全。其中，"食"主要是满足现代旅游者在地质公园旅游的饮食服务安全，提供符合食品质量要求的餐饮食品、安全卫生的餐饮环境以及基本的餐饮服务；"厕"主要是满足旅游者（尤其是特殊人群）的如厕需求，保证如厕环境的整洁；"住"主要涉及在地质公园旅游中的住宿设施的安全；"行"主要包括地质公园旅游的内部交通和外部交通安全；"游"主要是地质公园旅游合理的游客容量和安全标志建设及地质公园旅游承载力；"购"主要是满足旅游者购物安全需求，维持良好的销售秩序和提供质价相符的旅游商品；"娱"是满足游客在景区活动过程中的娱乐安全及旅游娱乐设施的安全。这七项要素是地质公园旅游安全的核心内容，它们相互作用、相互配合，共同组成了地质公园旅游核心安全子系统，保障游客在地质公园旅游中的人身、财物安全。

（二）地质公园旅游安全辅助子系统

地质公园旅游安全核心服务需要许多安全辅助子系统提供保证。地质公园旅游安全辅助服务包括地质公园旅游硬件安全和地质公园旅游软件安全。地质公园旅游硬件安全包括旅游安全标志、医疗设施、安全服务、安全救助队伍等；地质公园旅游软件安全包括游客的安全服务信息、安全服务行为和为保障安全而制定的应对突发事件的应急机制等安全管理制度、应急组织系统等，为游客提供安全的体验环境。目前地质公园旅游安全辅助子系统中的硬件、软件安全内容日益完善，让游客有了安全的旅游环境和旅游的安全感，树立了地质公园旅游安全形象，增加了地质公园旅游的安全附加值。

（三）地质公园旅游安全保障子系统

地质公园旅游安全保障子系统主要由安全管理组织、安全队伍建设、安全技术支撑、安全经营风险、周边社区安全、事故保险六个方面组成。安全管理组织是整个景区安全管理的组织保证；安全队伍建设关系到地质公园旅游安全管理的有力执行；地质公园旅游的安全状况离不开高科技技术的支撑；安全经营风险是指导地质公园旅游经营发展的关键；地质公园旅游的安全运营离不开周边社区的支持；地质公园旅游安全事故保险是规避、化解地质公园旅游安全风险的有效手段。保障子系统的六个方面共同为地质公园旅游的安全提供保证。

在地质公园旅游安全系统结构中，核心子系统提供基本安全服务内容，满足客人最基本的安全需求；辅助子系统则为核心方面得以更好实现而提供辅助性服务；保障子系统是核心子系统和辅助子系统安全的有力保证。

第三节　地质公园旅游安全管理对策

2016 年 8 月,某动物园"东北虎致游客伤亡事件"后,旅游安全再次成为舆论焦点。游客参观行为是影响旅游安全的重要因素之一,张贴警告标语、播放警告话语、签订责任书等均存在安全隐患,因此,地质公园旅游安全管理对策显得尤为重要。

管理是指通过计划、组织、领导、控制及创新等方法和手段,综合运用人力、物力、财力、信息等资源,使组织目标能够顺利完成的过程。旅游危机管理就是指目的地为避免和减轻旅游突发事件所带来的严重后果,并通过危机预测、危机预警和危机救治达到恢复旅游经营秩序和环境、消除旅游者紧张心理的非程序化决策过程。

这里的旅游突发事件,是指自然灾害以及政治动荡、恐怖袭击、重大犯罪、恶性疾病等对旅游业造成破坏性影响的事故。因此,为了提高旅游危机管理的针对性和有效性,旅游危机管理的出发点和落脚点应该是旅游者。一方面,要高度重视旅游安全,旅游企业需要加强安全意识的教育和培训;另一方面,需要为旅游者着想,努力排除他们的心理阴影。

一、旅游危机管理的原则

旅游安全与危机的管理需要掌握一些基本的原则和方法,以便于进一步做好预防和处置工作,尽快消除其负面影响。旅游危机管理的原则主要有以下几点。

1. 预防性原则

旅游安全与危机虽然有其突发性的特点,但是,一些带有共同性的规律或现象还是可以提前预防的。因此,需要分析旅游安全与危机的特点、概率,做到未雨绸缪。例如,下雨天容易出现泥石流灾害,需要加强防范;南方的夏天在野外活动要预防毒蛇、北方的冬天在野外活动要预防冻灾等。

2. 公开性原则

现在是网络时代和信息时代,任何旅游危机都很容易第一时间在网络上曝光。旅游安全事故或灾难出现后,相关部门必须公开信息,不能隐瞒或包庇。公开信息有利于使相关部门占据主动地位,否则会造成"屋漏偏逢连夜雨"的困境。

3. 公众利益原则

无论是自然因素还是人为因素造成的旅游安全与危机事件,处理时必须要牢记"生命至高无上""人民利益高于一切"的原则。

4.诚实性原则

诚实性原则包括信息的公开、安全的处理、危机的处置,都需要真诚和真实,不能歪曲事实真相,更不能嫁祸于人、逃脱责任。

5.及时性原则

旅游安全与危机事件发生后,会成为社会的焦点,所以必须果断决策、迅速处理,并及时发布信息,在第一时间公开事实真相,以防不明真相的人或媒体随意猜测,发布谣言,增加处理难度。同时,更要防备被别有用心的人利用,扰乱视听,制造更大灾难。

6.权威性原则

旅游安全与危机的事件发生后,出面决策者、信息发布者、事件评论者等必须是权威性人物,有公信力的人物。不能由与事件毫不相关或公信力低下者面对媒体,否则会失去大众及受害者的信任。

二、颁布和实施旅游安全政策法规

为了尽量避免旅游安全与危机事故的发生,需要从国家和行业的角度依法进行管理,使管理有法可依。我国出台了一系列的旅游安全政策法规,一方面,提高了行业人员的旅游安全与危机的意识;另一方面,为处理或处置旅游安全与危机事件提供了法律依据,以便做到步骤清晰、职责分明、奖罚分明。我国可参照的旅游安全与危机政策法规有:

(1)世界旅游组织发布的《旅游业危机管理指南》(2003年5月);

(2)《突发公共卫生事件应急条例》(2003年5月9日);

(3)《旅游突发公共事件应急预案》(2005年7月);

(4)《国家突发公共事件总体应急预案》(2006年1月8日);

(5)《中国公民出境旅游突发事件应急预案》(2006年4月25日);

(6)《中华人民共和国突发事件应对法》(2007年8月30日);

(7)《旅游者安全保障办法(初稿)》(2009年7月2日);

(8)《中国饭店行业突发事件应急规范(试行)》(2008年6月11日)。

除此之外,还需要注意旅游者的保险制度设计,为旅游企业和旅游者提供意外保险。据世界有关权威机构测算,平均每15万名旅游者中就有1人在旅游途中出现意外,需要进行紧急救助。随着各国保险业的发展和完善,各类保险已经成功应用到旅游业中。国家文化和旅游部在1990年就与中国人民保险公司共同发布了《关于旅行社接待的海外旅游者在华期间统一实行旅游意外保险的通知》,规定旅行社在接待入境旅游者时,必须为旅游者办理旅游意外保险。1997年,国家文化和旅游部又制定发布了《旅行社办理旅游意外保险暂行规定》,明确指出旅行社组织团队旅游,必须为旅游者办理旅游意外保险。这为旅游者出游提供了意外事故保障。

三、旅游安全与危机管理应对措施

1. 强化旅游景区安全宣传教育

面对因游客无知和无视所带来的旅游安全事故,景区安全宣传教育显得尤为重要。宣传教育既要面向游客,又要面向旅游从业人员。通过旅游之前的教育,签订安全协议须知,旅途中的各种告示和解说系统,以及旅游从业人员的安全建议等进行宣传,提高游客的安全意识。与此同时,游客也应自觉遵守地质公园旅游安全规定,提高旅游安全意识。

对于旅游从业人员,一方面,可通过加强安全教育与培训来强化他们的意识,采取持证上岗制度;另一方面,严肃处理安全事故,促使旅游从业人员严格按照既定的标准和流程操作,避免在提供服务过程中产生不安全行为。比如,各种旅行社不能仅当提供拼团名额的"拼盘人",更应在安全保障方面严格遵守各项规范,特别是交通工具驾驶员、导游等直接对游客安全负责的从业人员,必须要求其符合资质,具有相应的资格。

2. 引进高素质的安全管理人才

目前,地质公园旅游安全管理发展的瓶颈是管理人员素质不高,对景区安全管理没有战略性的部署,制订的安全目标没有具体的实施措施,缺乏对安全资金的统筹和规划,没有很强的安全专业技能和知识。因此,只有引进具有安全专业背景且拥有注册安全主任、安全评估师等资格证书的人才,才能给风景区注入新的安全理念和管理手段,解决安全管理发展的矛盾,提升安全管理机构的管理层次和水平。与此同时,建立现代旅游职业标准体系和人才评价制度,全力拓展旅游人才职业发展空间,加快研制旅游职业经理人标准,推动建立职业能力认证体系。

3. 建立系统的安全教育培训制度

很多风景区的安全教育只是形式,只是为了应付上级主管部门的检查和要求,组织一些简单的安全学习活动,并没有真正提高员工的安全素质和管理水平。风景区对员工应制订长期的安全培训计划,并聘请专业的安全讲师,定期对员工进行全面的安全知识拓展和安全实操训练,并将员工培训成绩列入全年的绩效考核中。风景区要按照管理的性质和操作的内容聘请具有相关资格证书的人员或组织现有人员进行再培训,直到培训合格持证上岗。如安全管理机构要根据风景区的规模配备相当的注册安全主任,车、索道人员需持有特种作业人员操作证书,救生员要有合格的救生员证书等。

4. 完善安全管理信息系统

地质公园旅游在健全各级安全管理机构的同时，要逐级签订安全管理责任书，并将日常的管理活动信息化、系统化。一是健全安全管理机构的层次和隶属关系；二是对各安全管理层次进行组织功能分析，列出核心功能和辅助功能；三是根据组织结构和组织功能，利用相关软件进行系统开发，并最终运用到日常的安全管理工作中。

5. 健全安全防护标志和防护措施

如在车行路危险点设置警示桩、反视镜等，在行人游道设置规范的防护杆。当前风景区内部分防护栏高度不够，一旦游客过多相互拥挤，就很容易发生游客坠崖事故。同时，定期对游览设施如索道、观光天梯、游船等进行检测、检修和维护，并使其符合国家的安全标准；准确核定游览设施的载客人数、承载重量、运行速度等，并严格执行。另外，设置可视化监控系统，如在景区设立全方位、全天候的电视监控系统，对可能出现的安全隐患做到自动识别、自动监控、自动报警等。

6. 建立旅游安全事故应急管理制度

一是针对风景区可能发生的安全事故，科学合理地制定事故应急预案及疏散避难预案。二是由风景区的专业人员构成应急救援队伍，根据旅游安全事故的性质和等级开展相应的应急救援工作。三是要经常进行应急救援演练，特别在节假日前，组织应急救援队伍进行消防演练、模拟救援等活动。

7. 加强节假日旅游安全监控

景区节日期间客流量大，因此要增加人员加强疏导，防止发生拥挤踩踏和其他群死群伤事故。载客较多的交通工具，要加强维修和检查，保持良好的运行状态。安排安全人员轮班轮休，防止麻痹大意和过度疲劳引发事故。在风景区入口、索道电梯、乘车场/站入口等醒目位置悬挂安全标语，设置安全警示牌等。另外，鼓励基层员工向游客宣讲安全知识，并充分利用风景区旅游服务系统如车载电视、休息室电视屏等广泛宣传安全知识，提高游客的安全意识。

8. 定期进行安全检查

检查险要道路、繁忙道口及险峻路段等处，及时排除危岩、险石和其他不安全因素；检查风景区的建筑安全，增加消防器材、避雷针等安全设施，提高建筑的安全等级；检查高空索道等特种设备，进行定期检验和维护，确保设备运行良好等。

>> 第七章

国家地质公园旅游开发案例

第一节　芦芽山国家地质公园

一、芦芽山国家地质公园概况

芦芽山景区位于吕梁山北端、晋西北腹地,是汾河、桑干河、阳武河、岚漪河、朱家川五条河流的源头区;景区平均海拔 2000 米以上,先后被命名为国家级地质公园、国家级森林公园、国家级自然保护区、国家级水利旅游风景区。2009 年,芦芽山旅游风景区被列入国家自然与文化双遗产预备名录。2010 年 9 月,芦芽山旅游风景区被评为国家 4A 级旅游景区。景区内约有 82 万亩(1 亩＝666.67 平方米)原始次森林、66 万亩草原、500 多种动植物资源、100 多个景点,是一处集山、石、林、草、洞、湖、泉、谷、庙、关十大景观于一体的"北方原始高原型山水形态旅游景区"。现已开发并对外开放的旅游景点包括万年冰洞、悬崖栈道、石门悬棺、汾河源头、芦芽山、马仑草原、情人谷、天池等,堪称"中国北方的香格里拉"。

二、文旅融合发展目标与战略

以"两山"理论为指引,以文旅融合为发展方向,以实施汾河中上游山水林田湖草生态保护治理修复试点项目为契机,在全面保护旅游区生态环境和历史文化遗产的基础上,充分发挥芦芽山旅游区历史文化、生态资源等优势,针对性地开发适应当前市场热点需求的产品。打造新产品、新业态、新项目,积极开拓冬季冰雪旅游和夜间旅游产品、项目,完善全域化的优质旅游服务体系建设,以旅游开发富裕农村。

以生态环境严格保护为基础,以文旅融合为手段,充分挖掘和凸显景区特色旅游资源潜力,开发以康养运动和文化弘扬为特色并具有竞争力的系列产品和精品项目,通过以自驾线路和森林步道游线为主的形式,形成以线串点、以点带面式的空间发展,并按照精致化、精准化和生态化的建设方式,全面提升旅游区的服务质量,最终建成国家级自驾游目的地、北方文化生态康养旅游高地、山西省最具吸引力和影响力的旅游区之一。

旅游区定位为:国家级自驾游目的地,国家级旅游度假区。

三、形象策划

1. 近程市场形象

芦芽山旅游区的近程市场形象定位为:边关古马场,雄奇芦芽山。

2. 中远程市场形象

芦芽山旅游区的中远程市场形象定位为:行旅汾源,心归芦芽。

3. 宣传口号

口号一：中国北方的香格里拉。

口号二：一山临天下、一水养三晋、一道悬古今、一洞冰万年。

四、文旅融合项目策划

1. 芦芽山国家森林步道项目

对标国家森林步道建设标准及建设要求，结合芦芽山旅游区优质森林景观资源和现状森林小路、步道等，建设具有康体、拓展、研学、运动、摄影、休闲等功能的芦芽山国家森林步道项目，串联冰洞、悬空村、栈道、悬棺、大庙沟、桦林沟、梅洞沟、前后吴家沟村、荷叶坪等景点，打造晋西北吕梁山最美森林步道。先期可打造大庙沟—桦林沟—梅洞沟一段，取得经验后，再进行推广。

2. 东寨国际旅游慢城项目

未来的东寨镇区将成为一个以文化、生态为底蕴，以慢城为理念，以文化康养为核心，服务整个芦芽山旅游区的旅游型城镇。在芦芽山旅游区新的旅游大发展中，东寨镇区的旅游服务中心功能将会强化，未来它不仅仅是一个游客集散服务中心，而且城镇本身也将成为一个具有多种旅游产品和项目的旅游目的地型城镇。根据未来旅游区的发展要求以及东寨镇区的区位、资源和功能，东寨镇的城镇发展定位为：国际旅游慢城和避暑康养旅游目的地型城镇，即以"慢旅游、慢休闲、慢生活"为核心，建设特色浓郁的国际化文化康养慢城项目，规划慢城居民生活区、汾河休闲绿带、东寨文化旅游商业区（包括马政文化景观大道）、慢休闲康养休闲区、慢城旅游服务核心区及周边山体绿化区等六大功能项目。

3. 地质文化博物馆项目

新建芦芽山地质文化博物馆，引进全息投影和 VR 技术，展陈芦芽山的历史文化、地质变迁、山水地貌形成、森林湿地生态特色等，并依托博物馆，开展文化和自然研学旅游，同时，地质文化博物馆也可作为科技电影体验中心。

4. 自驾车、旅居车营地项目

以"车移景异，尽览山脉风光"为自驾游旅游形象，以晋西北山地、森林特色生态景观为基底，以森林生态、高山草甸、高山湖泊、地质景观、边关风情、民俗文化为核心资源，建成国家级山水生态自驾车游首选目的地。依据《自驾车旅居车营地质量等级划分》（LB/T 078—2019），按照 5C 级标准建设东寨自驾车集散中心营地和天马牧场房车营地，按照 4C 级标准建设宁化古城汾河休闲自驾车营地，按照 3C 级标准建设桦林沟生态露营地、高桥洼木屋帐篷营地、梅洞沟山水木屋营地、大庙沟自驾车营地、石门山森林露营地、后吴家沟自驾帐篷营地。

5.悬空村历史文化名村保护和旅游提升项目

在项目建设过程中,要保护村庄历史文脉、建筑布局、街巷肌理,保护传统风貌民居、建筑单体、名木古树等;严禁拆除、破坏历史建筑,新建建筑与现状建筑风格、体量保持一致。同时,挖掘以悬空村为代表的芦芽山旅游区非遗文化资源,建设小型民居非遗文化展览室和民间艺术文创室,定期策划山西乡村非遗文化活动、民间文创比赛活动等。

五、主题营销策划方案

1.自然风光

面向背包客、摄影师、画家、文艺青年等群体,策划一系列以"自然风光"为主题的活动,将"自然景观"通过艺术的手法进行展现,产生市场轰动效应。

营销活动建议:芦芽山摄影大赛、美术绘画基地、大美山河诗词比赛等。

2.宗教祈福

面向宗教信仰者、宗教祈福者等群体,开展宗教交流会,传播宗教祈福思想;邀请有威望的道教、佛教团体进行宣传。

营销活动建议:开展有影响力的道教、佛教国际交流会;定期与不定期的大型宗教祈福会、庙会。

3.健康生活

面向度假市场、养生市场、养老市场,以"汾河源地""世外桃源"等为话题,吸引主流媒体关注,扩大社会影响力,产生旅游连锁效应。

营销活动建议:登山健身大会、避暑度假、休闲养生等。

4.户外娱乐

面向中青年团体,针对其体验型、探索型、刺激型的娱乐心理需求,开展吸引力强的娱乐项目,制造热点话题。

营销活动建议:户外穿越、定向越野、徒手攀岩等。

第二节　太行山大峡谷地质公园

太行山大峡谷地质公园地处晋豫两省交界,位于山西省长治市壶关县东南部,占地总面积约225平方千米,先后荣获国家森林公园、国家地质公园、中国最美十大峡谷、国家5A级景区、中国攀岩基地、山西省风景名胜区等称号。大峡谷中著名景点有红豆峡、八泉峡、女娲洞等。

一、地质地貌

1.地质遗迹景观

太行山大峡谷地质公园属太行山典型的地台型地壳结构,在漫长的地质历史中,先后经过加里东运动、燕山运动、喜马拉雅运动,形成了多种构造形迹和地质构造。在桥上乡大河出露了厚度大、比较完整的地质剖面,由老到新为新太古代,中元古代,古生代的寒武纪、奥陶纪、石炭纪、二叠纪,新生代第四纪地层,各层化石丰富,划分标志明显,代表性强;有红豆峡向斜,西安里褶皱构造群,中元古界与寒武纪平行不整合面等构造剖面;有平行层理、交错层理、波痕等结构构造;有石炭纪珊瑚化石、寒武纪三叶虫化石等古生物化石遗迹;等等。这些组成了研究太行山地壳运动、地质时期气候变迁的天然地质博物馆,是教学实习、科研科普、观光旅游的极佳场所。

2.地质地貌景观

太行山大峡谷地质公园内地质地貌景观内涵丰富,造型独特。2010 年,其以稀有性、完整性、系统性、典型性、优美性被成功评选为国家地质公园。同时,经过亿万年的地质构造运动和外力作用,其形成的地质地貌成为中外科学家关注的焦点。太行山大峡谷地质公园内地质地貌的主要类型有构造地貌、重力崩塌地貌、岩溶地貌等。构造地貌包括河流阶地、断层崖、单面山、石柱、石墙、峡谷等。重力崩塌地貌包括滑坡体、崩塌岩堆、崩塌岩洞等。岩溶地貌包括天生桥、峰林、溶洞等,如天生桥是太行山大峡谷中的独特景观之一,是华北地区最大的石灰岩天然拱桥,宽 5 米,高 200 米,跨度 50 米,厚度 10 米,飞跨于南北二座危崖之间,俨然是一座洞开的山门。

二、开发战略

1.特色化发展战略

围绕“太行山大峡谷不仅是最美的大峡谷,还是最好玩的大峡谷”,提升主创特色产品思路,提高景区可游性,增加旅游项目的娱乐性和参与性,实施国内精品化特色化发展战略。

2.多元化发展战略

整合资源,在提供多样化旅游产品中走高端发展路线,培育面向大众的休闲养生与避暑度假旅游市场,适应国际化发展趋势,积极发展专属化服务的高端旅游产品,满足多元化市场需求,加速实现跨越式发展的战略目标。

3.区域联合发展战略

在共同打造太行山大峡谷品牌中,共享云台山旅游客源市场;借助山西旅游平台,与全省旅游战略结合,出击世界旅游市场,以扩大长治大峡谷旅游品牌的知名度。

4.实施大峡谷深度开发战略

在加强保护地质遗迹基础上,凸显景区地质科学内涵,将地质观光与专项考察、休闲娱乐、特种旅游相结合,将民俗旅游与上党文化、太行风情、绿色养生相结合,将文化创意与节事活动相结合,实现大峡谷特色旅游经济发展战略。

三、规划内容

(一)资源评价

(1)自然环境:地处黄土高原与华北平原两大台地相接的特殊地理位置,在我国板块构造中具有特殊的地质意义。

(2)峡谷风景:地区峡谷类型形成体系和峡谷网络,呈现以嶂谷为核心的峡谷群景观,国内少有。境内有享誉全国的紫团参、红豆杉等300余种珍稀植物和金钱豹、黑鹳、金雕等130多种国家级保护动物,构成了以雄、奇、险、秀为特色的太行山大峡谷自然风光,目前有红豆峡、紫团山、五指峰、八泉峡、黑龙潭、青龙峡等景区。

(3)避暑气候:地势海拔与发育丰沛的水系,形成夏季凉爽的宜人气候,是消夏避暑的理想之地。

(4)历史人文:独特的太行风情与上党文化资源。同时,此地自古便是文人荟萃之地,曹操北征高干,写下过"北上太行山,艰难何崔巍"的慷慨诗篇;王安石拒受紫团参,留下了清正廉洁的千古佳话;于谦策马大峡谷,抒发着"两鬓霜华千里客,马蹄又上太行山"的人生慨叹。另外,唐代的真泽宫、元代的三嵕庙、明代的白马寺等建筑遗存显示出太行山峡谷浓厚的人文气息。

(二)市场开发策略

太行山大峡谷地质公园的市场开发策略总体上遵循"先周边后远程,先沿海后内陆"的模式,近期重点培育周边地缘市场和国内珠三角、长三角、京津冀地区城市群三大传统市场,后期逐步开拓东部和中西部市场以及港澳台市场,同时要做好韩国、日本、俄罗斯、北美等我国主要入境旅游市场的对接工作。

(三)产品开发

太行山大峡谷地质公园的产品开发要着力构建峡谷观光、地质地貌与动植物科考、山地运动与峡谷探险三大核心旅游产品,以及民俗体验、文化休闲、休闲养生与避暑度假、节事与会议等四大辅助旅游产品。

1.峡谷观光旅游产品

旅游区内黑龙潭、红豆峡、八泉峡、王莽峡、五指峡等景区景点是峡谷生态观光旅游产品的重要支撑,保护性开发观光旅游产品有峡关古道、峡关水道等。

2. 地质地貌与动植物科考旅游产品

通过标本、图片、影视、电脑模拟与互动等方式全方位展示峡谷地貌形成过程及其生态系统的科学知识;以天然"地质地貌科普博物馆"的方式展示不同景观的地质构造、地貌成因和演化过程;围绕"游太行山大峡谷,听地球母亲的故事"开发旅游产品。

3. 山地运动与峡谷探险旅游产品

太行山大峡谷山高谷深,是户外运动和探险探秘旅游的适宜之地。山地运动与峡谷探险旅游产品包括远足穿越、探险线路等精辟游线产品以及配套服务营地的生态化旅游基地产品。同时,可利用精品栈道、吊桥等形式,开拓峡谷徒步探险、单车旅行、攀岩等体育健身旅游产品,为游客提供全方位生态体验产品,以及其他低空飞行观览与自然拓展教育等深度与特种旅游体验产品。

4. 休闲养生与避暑度假旅游产品

太行山大峡谷气候宜人,传统养生资源丰富,可以建设生态度假酒店和旅馆、森林木屋、农家乐等各类设施,开发度假养生园等多元化产品,提供乡村绿色养生、生态养生、避暑度假等系列产品。

5. 民俗体验旅游产品

发掘整理地方民俗文化,保护非物质文化遗产,围绕壶关民谣、民间文艺活动、传统节日、礼仪习俗,实现旅游开发与文化保护的良性互动;着力打造乡土旅游商品系列,开发"住农家屋,吃农家饭,干农家活,品农家味"等系列民俗文化体验与娱乐产品,打造壶关酱肉、壶关羊汤、壶关火烧等特色美食。

6. 文化休闲旅游产品

深入挖掘区内历史与宗教文化内涵,避免"人造景观"堆积,巩固原有"笔墨太行"等文化底蕴,同时注入峡谷歌剧、古琴峡韵、摄影采风、文娱影视等文化时尚元素,运用现代文化与商业营销手段,积极培育可多元化开发的文化休闲旅游产品。

7. 节事与会议旅游产品

定期举办太行山大峡谷旅游风光摄影大赛及太行山国际攀岩节邀请赛等赛事,并大力发展"体育与摄影赛事""红豆峡和中国七夕音乐节""峡谷地貌研讨会""太行山区域旅游高峰论坛"等节事与会议旅游产品。

(四)形象定位

按照景区功能,将太行山大峡谷景区形象定位为"打造山西旅游旗舰和世界有名、国内一流的山水旅游休闲度假基地",品牌宣传口号为"世界奇峡、天然氧吧、晋善晋美、峡谷最美",不断提升太行山大峡谷旅游知名度,使入晋游客都到大峡谷来游玩。同时,与重点目标市场旅行社或其他旅游组织团体建立良好合作关系,扩大分销渠道,构建网络化分销体系,使重点目标市场能方便地预订与太行山大峡谷相关的旅游产品。

（五）安全规划

（1）加强对护栏、索桥、栈道等安全防护设施的维护检查,加强针对地质及景观设施的安全监控工作,建立定期评估档案与检查机制。

（2）设立地区气象服务站、地质与森林安全防护管理监测站,加强对山区各类灾害,如冰雹、洪水、泥石流、森林火灾等的监控与信息化预警服务,全方位加强旅游信息化服务系统,增强旅游安全系数。

（3）建立市、县、景区三级救援中心,形成布局合理、反应敏捷、保障有效的旅游救援网络。

（4）完善旅游警示标识的建设,加强对游客的安全宣传教育。

四、资源与环境保护

太行山大峡谷国家级地质公园是构造地貌、水体景观、人文历史和自然生态并重,集科学研究、科学普及和观光游览功能为一体的综合性地质公园,在进行旅游开发的同时,要加强对它的保护。

（1）坚决贯彻国家地质遗迹保护的法律法规要求,以保护地质遗迹及地质景观为前提,遵循保护中开发和开发中保护相结合原则,加强保护规划区内的大峡谷地质遗迹及自然生态环境,保护峡谷群地貌景观和叠套谷景观。

（2）针对区内伟人峰、天生桥、五指峰、生肖岭、红豆杉等五处特级地质遗迹保护点,实施重点保护措施,纳入风景旅游区的绝对保护区内,并按照相关规划要求严格保护。

（3）核心保护区内严禁游人和居民进入,但容许适度的科研考察和一定距离处的观赏活动。其他各级保护区在专项保护前提下可适度进行资源利用,规划可采取分级限制机动交通及旅游设施配置、分级限制居民进入和游人活动,坚决杜绝一切破坏景观环境的行为和现象发生。

（4）针对地质资源的旅游开发,都必须先评估旅游开发和旅游活动对地质资源和自然过程的影响,保护和恢复现有地质资源的完整性,将地质资源管理纳入旅游景区系统管理和规划之中。同时,挖掘地质科学内涵,向游客展示、宣传地质资源价值,增强科普教育功能,使保护成为游客的一种自觉行为。

参考文献

杨涛.地质遗迹资源保护与利用[M].北京:冶金工业出版社,2013.

柳丹,肖胜和,郑国全.旅游景观地学教程[M].上海:上海人民出版社,2010.

石培基,马泓芸,程华.国家地质公园科技旅游开发研究:以景泰黄河石林为例[J].开发研究,2008(2):153-156.

李晓琴,刘开榜,覃建雄.地质公园生态旅游开发模式研究[J].西南民族大学学报(人文社会科学版),2005(7):269-271.

王叶萍.基于休闲度假旅游趋势下的地质公园开发模式研究:以四川八台山为例[J].神州(下旬刊),2012(7):244.

金利霞,方立刚,范建红.我国地质公园地质科技旅游开发研究:美国科罗拉多大峡谷国家公园科技旅游开发之借鉴[J].热带地理,2007,27(1):66-70,85.

曾克峰,刘超,李维.黄山世界地质公园研学旅行指导书[M].北京:中国地质大学出版社,2019.

张红,张春晖,等.旅游业管理[M].2版.北京:科学出版社,2019.

欧阳友权.文化产业概论[M].长沙:湖南人民出版社,2010.

凌常荣,刘庆.旅游目的地开发与管理[M].北京:经济管理出版社,2013.

余菡.中国世界地质公园可持续发展模式研究:以石林世界地质公园旅游资源可持续利用为例[D].昆明:昆明理工大学,2005.

吴必虎.旅游规划原理[M].北京:中国旅游出版社,2010.

董观志.旅游主题公园管理与实务[M].广州:广东旅游出版社,2000.